C. Selvaraju
R. Karthick
K. Jayaprakash

Princípios da modelação computacional

C. Selvaraju
R. Karthick
K. Jayaprakash

Princípios da modelação computacional

Para a análise de materiais nanoestruturados nanoestruturados

ScienciaScripts

Imprint
Any brand names and product names mentioned in this book are subject to trademark, brand or patent protection and are trademarks or registered trademarks of their respective holders. The use of brand names, product names, common names, trade names, product descriptions etc. even without a particular marking in this work is in no way to be construed to mean that such names may be regarded as unrestricted in respect of trademark and brand protection legislation and could thus be used by anyone.

Cover image: www.ingimage.com

This book is a translation from the original published under ISBN 978-620-8-17216-9.

Publisher:
Sciencia Scripts
is a trademark of
Dodo Books Indian Ocean Ltd. and OmniScriptum S.R.L publishing group

120 High Road, East Finchley, London, N2 9ED, United Kingdom
Str. Armeneasca 28/1, office 1, Chisinau MD-2012, Republic of Moldova, Europe
Printed at: see last page
ISBN: 978-620-8-28195-3

PRINCÍPIOS DE MODELAÇÃO COMPUTACIONAL PARA A ANÁLISE DE MATERIAIS NANOESTRUTURADOS

Sr. C.SELVARAJU

Professor convidado

Departamento de Física

Colégio de Artes do Governo VSS

Pulankurichi - 630 405

Sivagangai, Tamilnadu,Índia

Dr. R. KARTHICK

Professor Assistente

Departamento de Física

Faculdade de Engenharia e Tecnologia de Mount Zion

Pudukkottai - 622 507

Tamilnadu,Índia

Dr.K.JAYAPRAKASH

Professor Assistente

Departamento de Física

Vel Tech Rangarajan Dr. Sagunthala Instituto de Ciência e Tecnologia de I&D

Avadi, Chennai - 600 062

Tamilnadu,Índia

ÍNDICE DE CONTEÚDO

DEDICADO AO MEU PAI E À MINHA MÃE

CAPÍTULO I

INTRODUÇÃO

1.1 INTRODUÇÃO

Os materiais sólidos cristalinos sempre existiram na natureza e cada um dos cristais tem propriedades específicas para as aplicações sociais. As propriedades físicas e químicas fundamentais podem ser estudadas a partir da estrutura cristalográfica [1]. Os cristais macro e nano estruturados são geralmente modificados na sua construção cristalina de forma inesperada com a ajuda da temperatura e da pressão. Também variam com a taxa de variação das temperaturas de forma direta, forte e irreversível, o que resulta numa alteração irregular das propriedades do material [2]. Obviamente, a transição estrutural ocorre sempre de acordo com o aumento da temperatura reforçada nos materiais. A ocorrência de transições de fase nano-cristalinas está a merecer grande atenção devido ao defeito propositadamente gerado no material para aplicações especiais. Esta transição de fase martensítica é uma transição de fase de sólido para sólido em que ocorre a difusão de átomos a baixa velocidade, modificando a estrutura molecular ou da rede. É sempre conseguida através das aplicações do processo de recozimento. As transições de fase podem ser claramente visualizadas e estudadas através da observação de deslocações e geminações significativas na fase de origem [3]. Para além disso, as transições de fase são também conseguidas através da redução da macroestrutura para a forma de nanoestrutura [4]. Por exemplo, quando o Ag_2O é reduzido do nível macro para o nível nano, a estrutura da rede é transformada de cúbica simples para cúbica de face centrada [5].

Nas últimas décadas, a investigação sobre nanopartículas metálicas associadas a óxidos tem merecido grande atenção devido às suas potenciais aplicações multidimensionais no domínio da optoelectrónica, da nanoelectrónica e da tecnologia de materiais semi-ópticos [6-8]. Além disso, devido à crescente procura de uma vasta gama de produtos, bens e

4

vestuário, foi aprovado um estudo aprofundado sobre o fabrico de nanopartículas de Ag.

Entre as várias nano partículas de óxido de metal, em particular, as nano partículas de prata

(Ag) têm sido a principal família de nano partículas de interesse para os nano cientistas devido

às suas atractivas propriedades semi-ópticas e físico-químicas [9-11]. Deste modo, estas

nanopartículas de AgO têm utilizações prospectivas em vários domínios industriais, como a

catálise molecular e nanocatalítica, a eletrónica nanométrica adoptada, os medicamentos

bioactivos, a deteção de gases e o tratamento de águas contaminadas [12-13].

Desde as últimas décadas, o Ag tem sido utilizado para o desenvolvimento da

sociedade humana devido às suas aplicações multifuncionais nas indústrias ótica, mecânica,

eletrónica e farmacêutica. É também utilizado em ornamentos, joalharia de moda, fotografia

de alta sensibilidade e indústria arquitetónica. A sua utilização foi alargada ao domínio da

indústria farmacêutica devido à sua propriedade antibacteriana benéfica, que é muito tóxica

para fungos, vírus e algas. A prata tem sido utilizada há muito tempo como desinfetante, por

exemplo no tratamento de feridas e queimaduras, devido ao seu amplo espetro de toxicidade

para as bactérias [14-16].

O crescimento de novos materiais nano-metálicos juntamente com óxidos (Ag, Au e

Cu) e a sua deposição em materiais de vidro inertes têm merecido grande atenção na ciência

dos nano-materiais, uma vez que as suas funções crescentes em compósitos estruturais de

ótica projectada, diagnóstico médico, química nano-analítica e fotocatálise [17-18]. Os

óxidos metálicos argentinos importantes, como $Ag_2 O$, AgO, $Ag\, O_{34}$ e $Ag\, O_{23}$ constituem

um grupo interessante que é sintetizado em vários tipos de estruturas cristalinas que têm uma

variedade de propriedades físico-químicas motivadoras; propriedades bio-electroquímicas e

electro-ópticas. Assim, os cristais e as películas finas de nano-óxido de prata foram

intensamente seguidos para aplicações capazes, tais como sensores biológicos e de gás para

a deteção de gases tóxicos e de risco de incêndio [19-23]. As nanoestruturas optimizadas

foram também utilizadas para fabricar materiais fotocondutores e fotovoltaicos, que são os componentes mais importantes das memórias ópticas e dos dispositivos fotónicos de plasmon [24-25].

Normalmente, as nanopartículas metálicas apresentam novas propriedades baseadas na dimensão, distribuição e morfologia em comparação com os materiais a granel [26]. Uma vez que a Ag e o O têm propriedades de sinterização a baixa temperatura, foram amplamente utilizados em embalagens electrónicas. Devido ao seu baixo ponto de fusão e às suas caraterísticas de resistência mecânica, a Ag_2 O é utilizada para obter uma boa condutividade eletrónica e térmica [27]. Geralmente, o material metálico a granel tem propriedades físicas constantes, apesar do seu tamanho, mas na substância nano-reduzida, como o material de sonda metálica à escala nanométrica, observam-se habitualmente propriedades dependentes do tamanho. Por conseguinte, as propriedades dos materiais variam consoante o seu tamanho. Em particular, os materiais optimizados à escala nanométrica desempenham um papel importante nos dispositivos de adoção de alta definição.

Para além disso, uma vez que oferece propriedades dependentes do tamanho variável, é amplamente utilizado no fabrico de dispositivos de imagem digital, dispositivos de análise de dados de alta frequência, placas fotográficas de alta energia e elementos de processo de imagem de dados [28-29]. Os materiais metálicos à escala nanométrica e os polímeros biodegradáveis estão a ser alvo de grande atenção e interesse devido às suas caraterísticas específicas: grande área de superfície, morfologia e tamanho. Devido às suas inacreditáveis propriedades fotoquímicas, são largamente utilizados pela indústria eletrónica. É também utilizado na indústria opto-eletrónica como componentes electrónicos importantes devido à sua capacidade de transdução de energia ótica. É sabido que, devido às suas propriedades biológicas, é muito útil na administração de nanofármacos, nanocatálise, imagiologia condutora, bio-sensores e na medicina [30].

A nano-prata produz normalmente uma forte atividade biológica inibitória contra uma vasta gama de microrganismos. Recentemente, para além da sua propriedade antimicrobiana ativa, as nanopartículas de prata foram parcialmente utilizadas na gestão integrada de pragas para distinguir a sua função de controlo das pragas de insectos [31-33]. Os nanomateriais de AgO foram investigados em numerosas aplicações biomédicas, principalmente devido às suas propriedades físico-químicas exclusivas, com a semelhança de certas moléculas e estruturas biológicas. Devido à sua extraordinária capacidade biológica, substitui simplesmente o processo químico duro em dispositivos de deteção biológica [34-35].

Normalmente, os materiais de óxidos metálicos nano possuem caraterísticas profligadas, o que constitui uma boa razão de fundo para a obtenção de aplicações extraordinárias. As inacreditáveis propriedades físicas e químicas dos nano-óxidos metálicos dependem do tamanho das partículas e das formações cristalinas [36-37]. Recentemente, o controlo do tamanho é muito fácil e o tamanho do material-partícula pode ser ajustado pelo método tecnológico de preparação de nanomateriais, através do qual a atividade química do nanossistema pode ser modificada. Assim, as aplicações dos nanomateriais dependem também de várias propriedades dos óxidos metálicos, sendo amplamente utilizados no fabrico de sensores biológicos e de gás, circuitos e dispositivos microelectrónicos e dispositivos piezoeléctricos [38-39].

Muitos trabalhos de investigação recentes sobre a película de óxido condutor transparente (TCO) provaram que existem aplicações extensivas no fabrico de dispositivos opto-electrónicos, uma vez que as películas de óxido condutor transparente do tipo p e n têm um intervalo de banda eletrónica e ótica ajustável. Além disso, as vagas de iões de oxigénio criadas propositadamente normalizam a condutividade no interior do nano-cristal [40-42]. Assim, as enormes propriedades opto-electrónicas são induzidas no interior do cristal nano materializado e são muito úteis para o sistema de captação de ultra-luz e os seus dispositivos associados. Uma vez que o nano cristal de óxido de prata tem geralmente propriedades físico-químicas notáveis, é habitualmente utilizado em muitas aplicações industriais opto-electrónicas [43-44].

Nos últimos dias, as nanopartículas de Ag têm atraído muita atenção no sistema de montagem ótica de alta frequência devido ao seu sistema cristalino consistente ativo e às suas enormes propriedades UV-visíveis [45]. Quando dopado com outros nano metais, as propriedades fundamentais existentes são melhoradas e é possível ajustar essas propriedades através da variação das concentrações de dopagem e do tamanho do dopante [46-47]. Em geral, o material nano óxido de prata é utilizado em equipamentos optoelectrónicos e dispositivos sensores devido à sua atividade ótica moderada. Se o nano Ag_2O for dopado com Sn, o material compósito obtido terá uma transparência ótica e uma condutividade eletrónica elevadas. Neste trabalho, o compósito de nano material Ag2O puro e dopado com Sn foi sintetizado e a caraterização topográfica, estrutural, ótica MEP, FMO, eletrónica, ótica e opto-eletrónica foi realizada para estudar todas as propriedades dos nano materiais.

CAPÍTULO II

CARACTERIZAÇÃO MORFOLÓGICA DA NANOESTRUTURA DO ÓXIDO DE PRATA UTILIZANDO FERRAMENTAS XRD E MÉTODOS COMPUTACIONAIS

2.1. ÂMBITO DO ESTUDO

Nos nanocristais, existem fortes forças de atração entre os átomos que formam um sistema de rede definido e que possuem propriedades físicas, químicas e semicondutoras distintas. No caso do nano-complexo de prata, a aglomeração das forças de atração que existiam entre os átomos de Ag e O e o material tornam-se opticamente e eletronicamente fortes. Com a aplicação da temperatura de recozimento, o cristal fica tenso mecanicamente e as forças de atração entre os átomos de prata e O tornam-se muito mais elevadas, reorganizando a rede cristalina para a forma FCC. A literatura mostrou o aparecimento de transições de fase em cristais de óxido de prata [1-2]. Após uma investigação minuciosa, verificou-se que não existe nenhum trabalho relacionado com a análise das transições de fase dos cristais a nível nano dos materiais. Neste trabalho, os estudos morfológicos foram efectuados com base em XRD e resultados teóricos para resolver as transições de fase que ocorrem no material nano $Ag\,O_2$.

2.2. MÉTODOS EXPERIMENTAIS

Neste caso, a película fina do material nano $Ag_2\,O$ foi preparada pela técnica de evaporação por feixe de electrões baseada em técnicas relacionadas com o vácuo [3-4], que continua a ser amplamente utilizada nos laboratórios e nas indústrias para depositar nano metais e nano ligas metálicas. As películas finas de $Ag_2\,O$ foram preparadas pela técnica EB utilizando uma unidade de vácuo HINDHI-VAC (modelo: 12A4D) equipada com uma fonte de alimentação de feixe de electrões (modelo: EBG-PS-3K). Foram utilizadas como substrato placas de vidro plano microscópico bem limpas.

2.3. MÉTODOS COMPUTACIONAIS

Neste caso, o material Ag_2O foi caracterizado através da realização de cálculos computacionais Gaussianos no computador iMAC 3. Neste trabalho, o método HF foi utilizado para calcular todos os parâmetros a temperaturas entre os 100º e os 300ºC com o conjunto de bases 6-311G(d,p). A simulação computacional é uma ferramenta eficaz para ilustrar a interação entre nano átomos para produzir caraterísticas especiais. Este modelo computacional era predominantemente adequado para sistemas semicondutores de óxidos metálicos [5]. A rede de base calculada foi reduzida ao nível nanométrico e os cálculos foram efectuados.

2.4. RESULTADOS E DISCUSSÃO

2.4.1 CARACTERIZAÇÃO DO XRD

A vista física de varrimento eletrónico da película fina de Ag_2O preparada foi apresentada na Figura 2.1, onde se pode ver a vista plana clara das partículas de óxido de prata. A amálgama de oxigénio nos locais de prata apareceu com uma superfície bastante flutuante, identificada na figura. Para estudar as caraterísticas morfológicas, o padrão XRD para os filmes preparados de Ag_2O foram registados com temperaturas de recozimento de 100º, 200º e 300º C e foram publicados na Figura 2.2. O padrão foi observado em cada uma das temperaturas separadamente e os picos foram obtidos com intensidade suficiente. Particularmente, a 100º, os picos de difração a 38º, 43º, 54º e 63º foram observados e foram atribuídos aos interplanos (200), (211), (220) e (311) do cristal, respetivamente. De acordo com os dados do JCBDS, o plano XRD revelou que o cristal Ag_2O foi construído por uma rede cúbica centrada na face (fcc) e a observação foi apoiada pela literatura [6-8]. Com o objetivo de examinar a transição de fase, o padrão XRD para

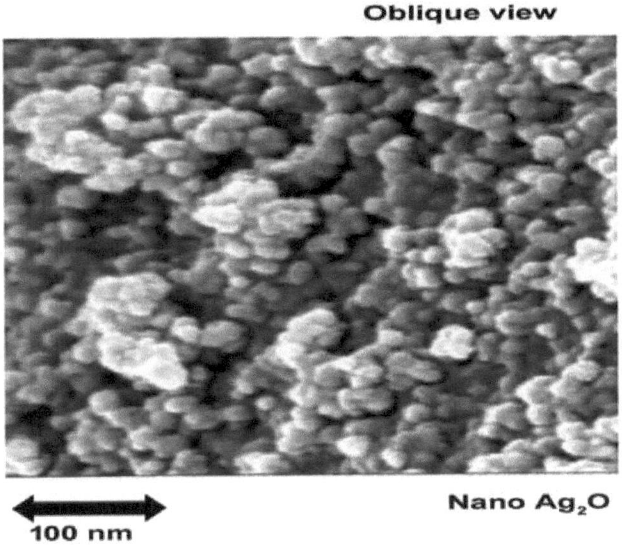

Figura 2.1: Material nano Ag₂ O personalizado

Ag₂ O a 200° e 300° C também foram registados como em 100°, onde todos os picos foram obtidos com intensidade máxima e estes picos foram identificados como deslocados. Os picos deslocados foram observados a 38,5°, 43,5°, 54,5° e 63,5° para 200° C e a 39°, 44°, 55° e 64° para 300° C, respetivamente. Aqui, para cada temperatura de recozimento de 100° C, os picos foram deslocados até 0,5°, o que pode ser devido às transições de fase que ocorrem com a aplicação das temperaturas de recozimento. Assim, com exceção do pico do plano (200), todos os sinais apareceram com intensidade mínima e as temperaturas funcionais influenciam as caraterísticas morfológicas. Geralmente, as transições de fase ocorrem entre as fases do material, enquanto que aqui, as transições foram observadas dentro da morfologia do material de forma canónica. Este efeito foi pronunciado no cristal em termos de micro deformação que foi gerada bem profundamente no cristal e este arranjo foi encontrado para ser afetado a rede recíproca; BCC dentro do FCC de Ag₂ O. O efeito de transições de fase de reciprocidade observado foi apoiado pelos trabalhos anteriores [9-10].

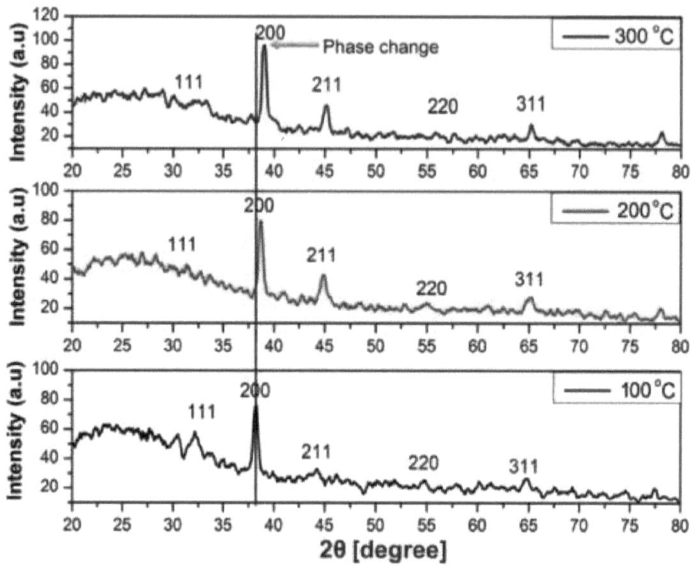

Figura 2.2: Padrão XRD do nano material Ag O_2

Na parte interplanar de (200), a intensidade do pico foi identificada como sendo aumentada com a temperatura de recozimento do material. A partir da observação, foi assegurado que o carácter cristalino da Ag_2 O é significativamente melhorado de 200º para 300º C. Para além dos sinais de Bragg difractados a partir dos planos da rede cúbica de face centrada (fcc) dos nanocristais de Ag_2 O, foram também estabelecidos picos que acompanham vértices não atribuídos e que mostram as outras fases do exterior das nanopartículas de óxido metálico. A partir da observação acima, ficou claro que a qualidade cristalina do Ag_2 O é grandemente melhorada pelo processo de recozimento e a geração de micro-deformação dentro do sistema cristalino produziu o efeito cristalino recíproco. Os parâmetros XRD associados ao Ag_2 O estão representados na Tabela 2.1.

Temperatura de recozimento (ºC)	Posição (2θ)	(hkl)	a (Å)	Estirpe (βcosθ/4)	Tamanho das partículas (nm)	Espessura (μm)
Temperatura ambiente	--	--	4.712	--	--	0.78
100	38.0	200	4.811	0.0037	32.14	0.69
200	38.5	200	4.900	0.0049	31.54	0.61
300	39.0	200	4.988	0.0061	30.36	0.54

As propriedades físicas e químicas das nanopartículas dependem sempre do tamanho das partículas, que pode ser calculado a partir do FHWHM observado. O presente nano material hetero nuclear era constituído por um par de átomos de Ag e O. Regularmente, o cristal de óxido de metal nano, em particular, era formado por átomos alternativos de Ag e O sob a forma de cadeia que está ligada à cadeia na direção perpendicular a outros interplanos. Assim, a estrutura cristalina Ag₂ O foi construída pela ligação de cadeias consecutivas de Ag e O numa estrutura FCC. A Figura 2.3 mostra a estrutura cristalina prevista teoricamente, na qual os átomos de Ag na posição FC estão rodeados por átomos de O. Enquanto que, na sua estrutura recíproca BCC, o átomo de O está na posição BC e é rodeado por átomos de Ag. Acima de tudo, o sistema cristalino efetivo foi fabricado pela rede FCC. As propriedades físicas de todo o sistema cristalino foram ligeiramente alteradas com a aplicação da temperatura de recozimento.

Outro sistema molecular de FCC previsto foi representado na Figura 2.4, onde se pode ver a imagem clara da rede de FCC e do sistema recíproco; BCC. O efeito da temperatura foi

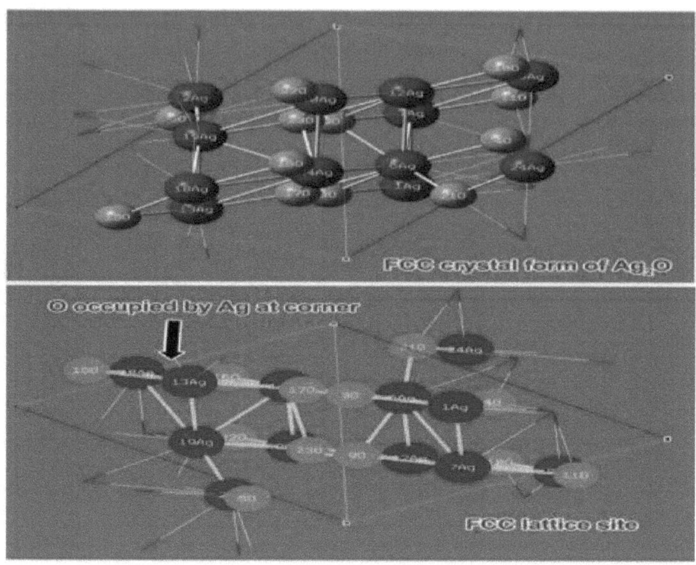

Figura 2.3: Vista FCC do nano material Ag O$_2$

observada apenas na rede BCC e não na forma cristalina FCC, o que se deve à formação da estrutura padrão da FCC. A proporção de Ag e O foi de 2:1 e 1:2 em FCC e BCC, respetivamente, o que foi confirmado pelo recíproco dos picos de XRD dispostos no espetro.

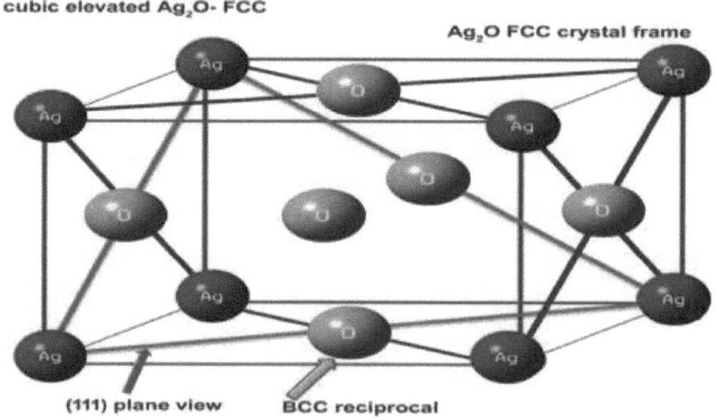

Figura 2.4: Moléculas em vista cristalina do nano material Ag O$_2$

De acordo com o XRD, o tamanho médio dos grãos de Ag_2O foi calculado pela equação de Scherrer a partir de FHWHM,

$$D = k\lambda/(\beta\ scos\theta),$$

aqui D é conhecido como tamanho de grão, β chamado de largura total em meios máximos, θ foi o ângulo difratado e λ foi encontrado para ser o comprimento de onda (1·5406 Å). A disparidade de tamanho de partícula e espessura de Ag_2O em diferentes temperaturas de recozimento foram obtidas na Figura 2.5.

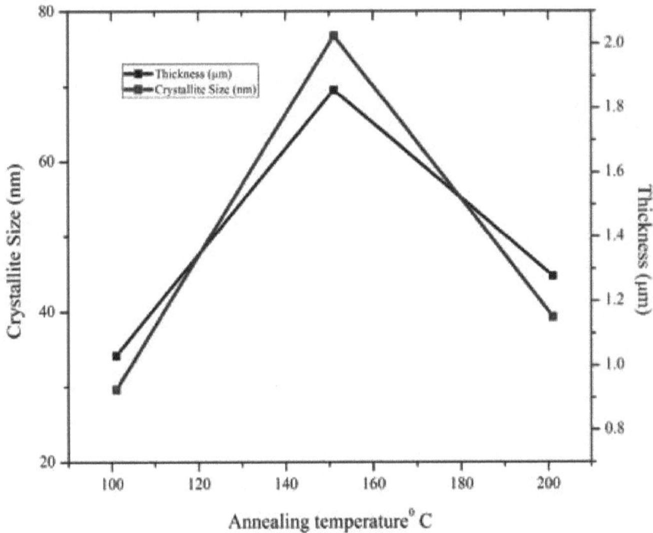

Figura 2.5: Medição do tamanho dos cristais de Ag_2O nano material

O parâmetro de rede "a" do material Ag_2O à temperatura ambiente foi calculado utilizando a fórmula da estrutura cristalina cúbica de face centrada. Para o sistema cristalino cúbico, o parâmetro de rede c foi relacionado com d com a seguinte equação [11]

$$\frac{1}{d^2} = \frac{h^2 + k^2}{a^2} + \frac{l^2}{c^2}$$

$$2d_{hkl}\,2\sin\theta = m\,\lambda$$

em que h, k e l são os índices dos planos da rede (índices de miller), geralmente, a e c são as constantes da rede, d_{hkl} é a distância entre dois planos sucessivos (m=1) com o índice do plano da rede (hkl).

Os valores dos parâmetros cristalinos, como a deformação (ϵ), a densidade de deslocação (δ) e o número de cristalitos (N) foram calculados pela fórmula padrão [12], A deformação produzida no cristal ε foi calculada pela seguinte relação:

$$\varepsilon = (\lambda/D\cos\theta)-(\beta/\tan\theta)$$

A deformação calculada foi de 0,0037, 0,0049 e 0,0061 a temperaturas consecutivas, respetivamente, e foi aumentando com as temperaturas. Uma vez que a redução do tamanho das partículas ocorre em função da temperatura de recozimento, gerou-se uma deformação cristalina proporcional.

A densidade de deslocação (δ) das películas finas com estrutura cúbica foi calculada pela fórmula

$$\delta = 15\ \varepsilon/aD$$

A densidade de deslocação também foi elevada em relação à temperatura, o que provocou a produção de vagas de O entre os sítios cristalinos. Usando o tamanho do grão (D) e a espessura da película (t), o número de cristalitos N pode ser estimado usando a relação

$$N=t/D^3 \ /\ \text{unidade de área}$$

O tamanho do cristal foi reduzido ainda mais devido às temperaturas e pode ser continuado com as temperaturas. Da mesma forma, verificou-se que a qualidade do cristal melhorou de 100° para 200° C, e também se observou que as propriedades electro-ópticas do Ag_2O foram realmente melhoradas. O tamanho dos cristais, o coeficiente de extensão, o coeficiente de absorção, o intervalo de banda e o índice de refração a diferentes temperaturas. Aqui, o intervalo de banda ótica aumentou ligeiramente devido às temperaturas, como era de esperar, o que também afectou as caraterísticas ópticas do nanomaterial. Do mesmo modo, o índice de refração também aumentou consideravelmente devido ao efeito das temperaturas. Este aumento no material aumentou a velocidade da luz nos modos ordinário e extraordinário e o processo de geração do segundo harmónico foi também induzido para a aplicação do laser. Verificou-se que os coeficientes de absorção e de extinção variavam de forma diferente, o que se deveu ao efeito da micro-deformação gerada no local da rede.

2.4.2. PERFIL DE CARGA DO MULLIKEN

A estrutura de carga prevista teoricamente foi apresentada na Figura 2.6, na qual foram identificadas as zonas fortemente electro-negativas e electro-positivas, juntamente com a simetria vetorial. Toda a estrutura foi construída por ligações covalentes coordenadas, como previsto, e as regiões limite negativas e positivas foram definidas de acordo com a reorientação de carga de Mulliken. Neste caso, o material era formado por O negativo e Ag positivo. Apesar de ambos os átomos terem bivalência, a formação de orbitais moleculares alterou propositadamente a polaridade dos átomos. Este facto cria fortes ligações dipolares entre os átomos, o que origina a estrutura FCC bem construída. Normalmente, a separação de cargas na molécula é feita propositadamente por forças de equilíbrio químico existentes entre a rede molecular. Neste caso, foi manifestada por dipolos moleculares no local do material. E isso causa uma propriedade físico-química fiel. Assim, uma vez que se encontrava bem organizado no sítio molecular, o nano material de Ag fascinado pelas vacâncias de O

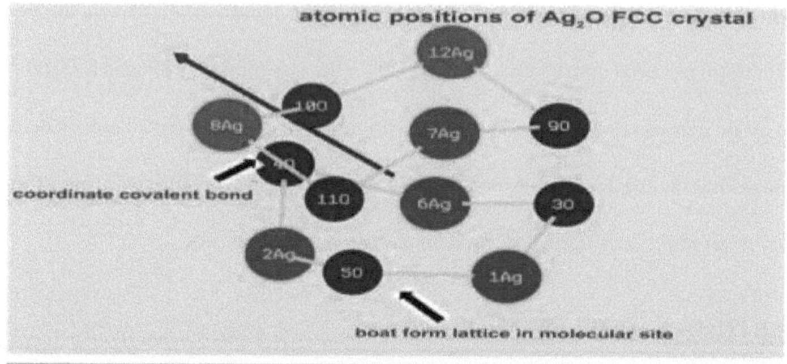

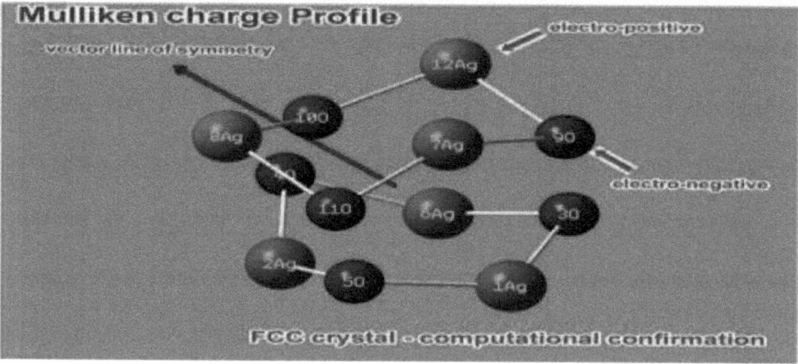

Figura 2.6: Nível de carga Mulliken do nano material Ag O_2

que se revelou eficaz na indução de propriedades semi-ópticas e físico-químicas.

2.4.3. ANÁLISE DA DEFORMAÇÃO DA ESTRUTURA

Os parâmetros optimizados da estrutura cristalina em diferentes temperaturas de recozimento foram apresentados na Tabela 2.2. O efeito do recozimento foi observado sob a forma de variação do comprimento de ligação e do ângulo de ligação da estrutura molecular do cristal. A 100° C, o comprimento de ligação de Ag e O foi determinado como sendo 2,2773Å e variou ligeiramente a 200° C, sendo de 2,2391Å. Para além disso, a 300°C, o mesmo comprimento de ligação foi determinado como sendo 2,1990°.

Tabela 2.2: Parâmetros ópticos das películas finas de Ag$_2$O a diferentes

temperaturas

Temperatura de recozimento em °C	Índice de refração	Intervalo de banda (eV)	Coeficiente de extinção	Absorção Coeficiente	Tamanho das partículas (nm)	ε_1 n -k^{22}	ε_2 2nk
Temperatura ambiente	2.233	-	4.6140	0.462x 10^{-5}	-	4.221	2.751
100	2.274	1.513	5.237	1.421 x 10^{-5}	31.52	4.88	2.374
200	2.296	1.545	6.088	0.272 x 10^{-5}	37.54	4.869	2.804
300	2.323	1.571	6.102	0.241 x 10^{-5}	42.25	5.016	2.872

A partir deste resultado, concluiu-se que todos os parâmetros optimizados associados aos comprimentos de ligação e aos ângulos de ligação foram reduzidos pela aplicação da temperatura e, a uma temperatura elevada, o comprimento de dobra diminuiu consideravelmente. Esta alteração dos parâmetros provocou a geração de tensão física espontânea, bem como a diminuição do tamanho das partículas. O comprimento da ligação Ag-O foi observado de forma diferente em relação à posição da ligação na estrutura cristalina. Ag1-O5, Ag2-O4, Ag2-O5 e Ag2-O11 foram determinados como sendo 2,773Å, 2,240Å, 1,195Å e 2,851Å, respetivamente. O comprimento da ligação modificada entre os átomos de prata e O diferiu de 0,045 Å a 0656 Å no sítio molecular. A partir do comprimento de ligação flutuante observado, foi conferido que a arquitetura da rede FCC no presente nano material preparado foi considerada bastante distorcida na forma. Isto deveu-se principalmente às substituições intersticiais de O no sítio molecular.

2.4.4. SUPORTE DE ORBITAIS MOLECULARES DE FRONTEIRA

O perfil de interação molecular do nano material Ag_2O foi apresentado na Figura 2.7, na qual as interações moleculares ocorrem entre os segmentos orbitais moleculares. Aqui, no caso do LUMO, a sobreposição de orbitais ocorre por orbitais espaciais

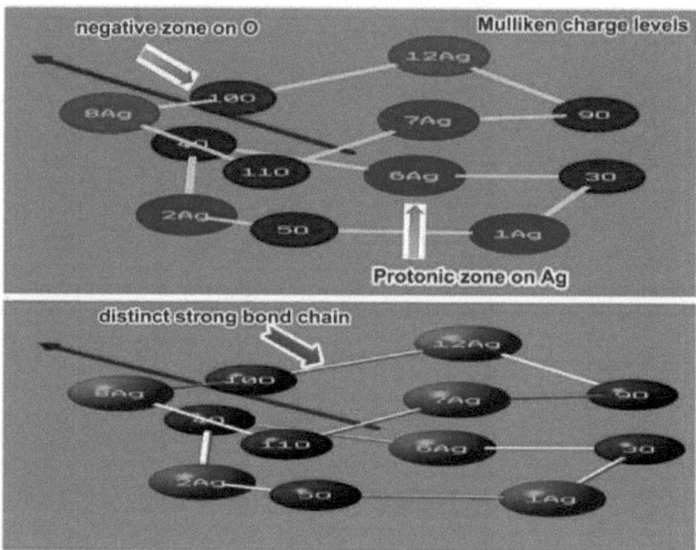

Figura 2.7: Zonas Mulliken de Ag_2O nano material

polarização que apareceu nos átomos de Ag para Ag através do átomo de O. Este perfil de quantização espacial foi encontrado para estar pronto para ocupar a energia que era do contorno de interação HOMO. Apenas uma ligação covalente apareceu na estrutura que mostrou o centro de simetria do cristal. Quando comparadas com a interação orbital soprada, surgem interações orbitais muito fracas para receber as transições dos níveis de energia ocupados.

No caso do HOMO, as interações covalentes de coordenadas ocupadas em forma de haltere foram organizadas de modo a misturar a energia eletrónica degenerada para irradiar energia eletrónica para os níveis de energia não ocupados. No HOMO-1, as orbitais moleculares ligam os átomos de Ag ao O, interligando as orbitais degeneradas nas quais os electrões com diferentes energias quantizadas podem ser movidos no campo de força e esta configuração é geralmente capaz de receber energia ótica numa vasta gama de regiões espectrais e de restaurar a energia. No LUMO+1, as interações espaciais foram aumentadas no arranjo de orbitais sopradas. Dois conjuntos de sistema iso soprado de dipolo Ag resultante foram estendidos sobre o cristal como um todo que forma nano-cristal consistente com perfil de qualidade suficiente. A cascata da interação orbital estabeleceu-se em átomos de coordenadas semelhantes, pelo que o material é capaz de controlar a rota ótica das ondas harmónicas que entraram no material. Assim, o nano material Ag_2O pode ser utilizado para fabricar dispositivos multifuncionais opto-electrónicos e foto-voltaicos.

2.4.5. ANÁLISE DA FORMAÇÃO DE MEP

A estabilidade eletrónica do nanomaterial foi estabelecida pelo esgotamento das regiões electrofílicas e nucleofílicas que são normalmente arquitectadas pela deslocação da carga molecular sobre a molécula. A região electrofílica e a região nucleofílica apareceram nos átomos de O e Ag, respetivamente, no local do cristal e a região moderada foi encontrada entre os átomos. Verificou-se que o campo estático centrípeto se concentrava nos átomos de Ag e o campo dinâmico centrífugo se concentrava nos átomos de O. Este conjunto de nano partículas de Ag_2O em diferentes planos formou uma superfície morfológica fechada e enquadrou o cristal de FCC de forma consistente.

O diagrama MEP e a distribuição de energia do contorno do potencial eletrónico são apresentados na Figura 2.8. A impressão digital da distribuição do campo estático foi apresentada na qual se verificou que o campo potencial centrípeto da Ag se encontrava espalhado pelo cristal e que o campo estático centrífugo suportava o potencial dinâmico. Esta configuração no nanomaterial que faz o caminho é capaz de ter um caminho enriquecido para acelerar a energia eletrónica através do potencial de deriva no local do cristal.

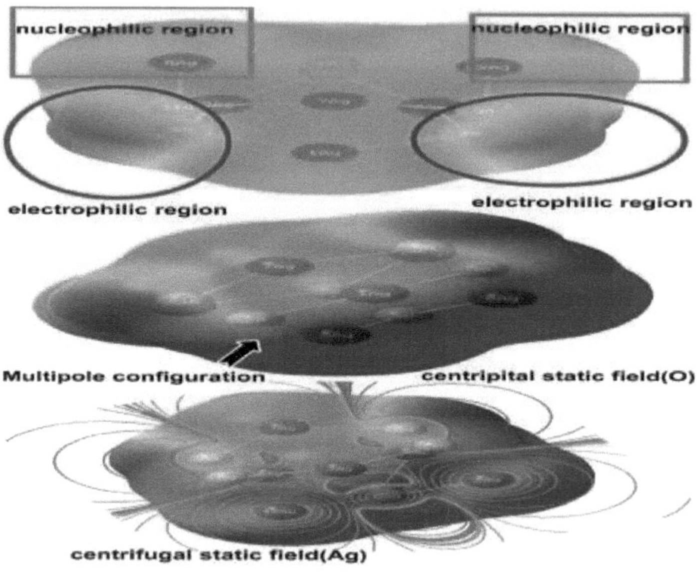

Figura 2.9: Visualização MEP do nano material Ag O_2

2.5. CONCLUSÃO

O nano material Ag_2 O foi sintetizado por métodos nano experimentais bem conhecidos e foi convencionalmente caracterizado por ferramentas experimentais e teóricas. Tendo em conta todos os dados de caraterização, foram feitas as seguintes observações;

- Foi discutido o efeito da temperatura de recozimento para melhorar a qualidade do cristal e o carácter multifuncional do material.

- Os parâmetros morfológicos, electrónicos e ópticos importantes foram calculados e avaliados para estudar as caraterísticas dos materiais. O sistema de rede FCC foi confirmado para o material Ag_2 O nano empreendido.

- A recorrência da matriz multidimensional Ag_2 O pela aplicação de temperaturas de recozimento e, por conseguinte, a montagem de microdeformações produzidas no cristal foi observada e examinada atentamente. O impacto da deformação foi medido e correlacionado com as temperaturas.

- A alteração da reciprocidade Ag_2O pelo efeito da tensão térmica foi estudada para examinar a aplicação do material. A interação orbital molecular que causa as caraterísticas ópticas foi cuidadosamente investigada e a aplicação resultante foi determinada.

- O sistema de perfil de interação orbital HOMO-LUMO observado suportou as transições electrónicas de energia e a partir do qual se concluiu que o material pode ter uma boa geometria ótica para produzir propriedades ópticas.

- A região nucleofílica e electrofílica apareceu em torno de Ag e O, respetivamente. Esta depleção precisa dos domínios de carga no sistema cristalino cria o caminho opto-eletrónico e gera segundas gerações harmónicas.

As propriedades físicas apreendidas evidenciam a pureza e eficiência dos materiais preparados e o presente material pode ser capaz de materializar as aplicações do nano óxido de prata.

CAPÍTULO III

CARACTERIZAÇÃO EXPERIMENTAL E TEÓRICA DE NANO MATERIAIS DE ÓXIDO DE PRATA UTILIZANDO MÉTODOS COMPUTACIONAIS

3.1. ÂMBITO DO ESTUDO

Depois de analisar os trabalhos anteriores sobre nano materiais de óxido metálico Ag_2O, não foi encontrado nenhum trabalho sobre a previsão da estrutura teórica do Nano Ag_2O e a análise das propriedades ópticas e electrónicas. Hoje em dia, há muitas exigências para preparar nano materiais ópticos sensíveis para a indústria opto-eletrónica. As propriedades opto-electrónicas dos materiais Ag_2O devem ser previstas e estimadas com vista à preparação de painéis solares e dispositivos opto-electrónicos. Neste trabalho de investigação sistemático, foram fabricados os materiais nano Ag_2O e, para otimizar, as amostras foram recozidas a 100º, 200º e 300º C. Os materiais preparados foram caracterizados experimentalmente e computacionalmente para a exposição das propriedades opto-electrónicas. A investigação espectroscópica especial foi feita para conhecer a atividade das partes composicionais dos materiais e o papel dos componentes na exposição de novas caraterísticas.

3.2. MÉTODOS EXPERIMENTAIS

A técnica de evaporação por feixe de electrões é um método popular em que o feixe de electrões é gerado a partir de uma fonte de electrões eficaz e acelerada, em condições de vácuo, para irradiar um material evaporado. É uma das melhores técnicas de vácuo utilizadas para a deposição de películas finas [1-2], que continua a ser amplamente utilizada nos nanolaboratórios e nas indústrias nanoelectrónicas para a deposição de óxidos metálicos e, em especial, de complexos metálicos. As películas finas de Ag2O foram preparadas pela

24

técnica EB utilizando uma unidade de vácuo HINDHI-VAC (modelo: 12A4D) equipada com uma fonte de alimentação de feixe de electrões (modelo: EBG-PS-3K). Foram utilizadas placas de vidro microscópico bem desengorduradas como substrato. O instrumento é utilizado para preparar o nanomaterial por evaporação e multicamadas de óxidos metálicos e complexos metálicos de diferentes aspectos de refração, sendo provável o fabrico de películas finas ópticas com várias caraterísticas multifuncionais; película fina antirreflexo, película de nanofiltro e película ótica capaz de transmitir e refratar bandas de comprimento de onda largas e convincentes.

O pó de Ag_2O espectroscopicamente puro de 500 mg foi bem misturado com um pilão e um almofariz. A mistura foi prensada e preparada como pellets pelo método de pressão hidráulica para obter pellets à pressão de 500 kg/cm^2 que é utilizada como material de base para efetuar a evaporação. As pastilhas preparadas foram colocadas num cadinho de grafite e mantidas na lareira de cobre arrefecida com água do canhão de electrões incorporado. Os objectos de Ag_2O regularmente peletizados foram aquecidos em termos de uma subunidade de feixe de electrões a partir do cátodo de filamento de fonte constante operado por corrente contínua. A superfície bem polida da pelota preparada de Ag_2O foi interagida por um feixe de electrões deflectido num ângulo de 180° com um aumento de 5 kV e a sua densidade de potência operacional $\approx 2,2$ kW/cm^2 . As espécies metálicas evaporadas da pastilha de Ag_2O foram pulverizadas e depositadas como películas finas nos substratos opticamente planos a uma pressão de 1X 10^{-5} m-bar. Neste processo, cada substrato foi posicionado perpendicularmente à linha de visão no ponto da fonte de evaporação num ângulo polar para acabar com o efeito de sombreamento e também para obter uma deposição opticamente uniforme. Os parâmetros físicos de preparação apropriados; a distância entre a fonte e o substrato (15 cm) e a pressão fraccionada de 10 a 5 mili bar) foram variados e optimizados para a criação de películas finas homogéneas, finamente aderentes e transparentes. A taxa de evaporação de 0,5 nm/s foi utilizada para depositar as películas finas completas de $Ag_2 O$. Para examinar a consequência da temperatura de recozimento nas propriedades estruturais, ópticas, electrónicas e morfológicas, as películas de $Ag_2 O$ depositadas foram recozidas a 100º, 200º e 300º C, respetivamente.

As propriedades estruturais das películas finas de $Ag_2 O$ foram analisadas utilizando o difratómetro de raios X analítico PAN com fonte de radiação $CuK\alpha$ com comprimento de onda de radiação de 1,5406 Å. Os picos de deflexão da difração de raios X (XRD) foram registados na região 20 - 60 a uma velocidade de varrimento de $5° min^{-1}$. Os estudos morfológicos foram realizados utilizando microscopia eletrónica de varrimento (SEM) (a gama de ampliação habitual de 20X a≈ 30.000X, a região de resolução espacial 50 - 100 nm). Os espectros de absorção UV-Visível batocrómico e hipercrómico das películas finas de Ag_2 O foram registados utilizando um espetrofotómetro UV-Vis com diferentes equipamentos de varrimento.

3.3. RESULTADOS E DISCUSSÃO
3.3.1. ESTUDOS MORFOLÓGICOS

A vista da estrutura cristalina do nano material $Ag_2 O$ foi apresentada na Figura 1 e a colocação atómica na estrutura FCC foi representada. De acordo com o método de cálculo computacional quântico, foi representada a vista monocristalina adequada, na qual as posições da Ag e do O foram claramente visualizadas. Aqui, o local molecular da Ag com O intersticial parecia ser o esqueleto FCC, enquanto o local molecular do O juntamente com a Ag mostrava a estrutura BCC [3-4]. Assim, a estrutura cristalina FCC tem definitivamente a recíproca BCC. Três átomos de Ag de diferentes coordenadas ligaram-se para formar o plano (111) onde a FCC e a BCC foram validadas. De acordo com a Figura 3.1, o átomo de O foi colocado no canto primário da rede BCC enquanto que a Ag do BCC é o canto primário da rede FCC. Devido a esta reciprocidade,

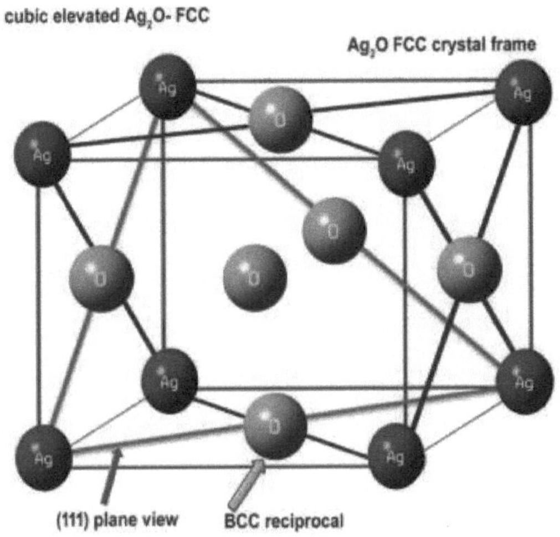

Figura 3.1: Estrutura prevista do nano Ag O $_2$

quando a FCC corta paralelamente ao eixo ótico que deveria ser o eixo ótico perpendicular da rede BCC. Quando a rede BCC é gravada perpendicularmente ao eixo ótico, é o eixo ótico paralelo da rede FCC. Este tipo de conversão paralela e perpendicular ao eixo ótico do nanocristal permite a geração de sinais ópticos de segunda harmónica e de terceira harmónica.

3.3.2. EXAME SEM

O SEM é uma ferramenta popular que é utilizada para mostrar a vista morfológica de nano e outros materiais. Devido à sua elevada resolução, os seus resultados são normalmente comparados e validados com os dados obtidos com o TEM. A técnica de microscopia eletrónica de varrimento (SEM) foi utilizada principalmente para a caraterização morfológica à escala nanométrica e micrométrica [5]. As imagens da série SEM observadas experimentalmente foram apresentadas na Figura 3.2. Na Figura, a imagem SEM a 100° C, mostrou a amálgama de nano partículas em que a Ag foi perfeitamente incorporada

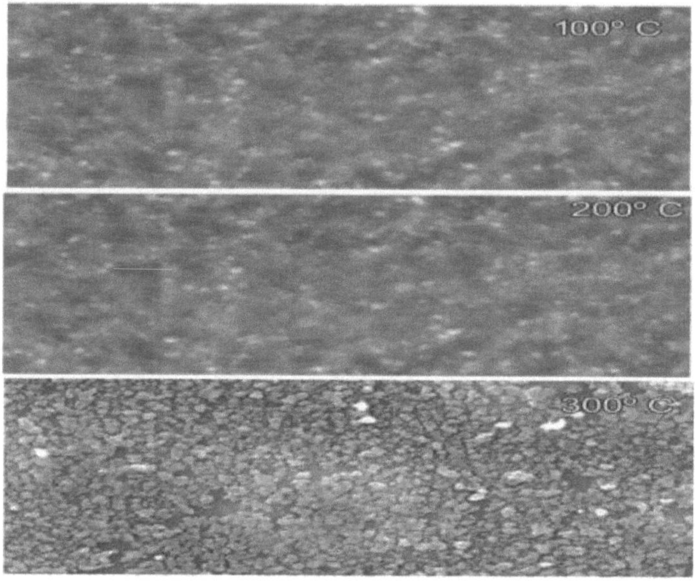

Figura 3.2: A superfície SEM de nano Ag O $_2$

com O e formou uma superfície cristalina perfeita com um carácter quase plano. A figura SEM a 200° C, demonstrou a fusão bem definida da nano superfície na qual se verificou a formação perfeita de uma superfície homogénea. O ecrã SEM a 300° C expôs claramente o conjunto de nano partículas discretas bem organizadas, que se revelou mais precioso do que as outras duas figuras. Foi também determinado que as nanopartículas de prata tinham uma forma globular. A taxa de amalgamação da película fina do nanomaterial em estudo foi rápida nas temperaturas de recozimento devido ao ponto de fusão mais baixo do Ag_2 O. Nos trabalhos anteriores [6-8], a MEV dos materiais de Ag não foi capaz de produzir qualquer impacto na superfície, ao passo que na MEV do presente caso, a impressão da iso-superfície foi bem estudada devido aos melhores resultados da MEV.

3.3.3. ANÁLISE DE PADRÕES DE TEMPERATURA

O microscópio eletrónico de transmissão é um dispositivo popular que utiliza o eletrão energético nos champers para estudar as partes de composição do material e a informação cristalina. Normalmente, a visão do núcleo do cristal e a visão morfológica podem ser captadas pelo diagrama TEM e, utilizando-o, o tamanho das nanopartículas pode ser medido com precisão. Neste caso, a imagem TEM foi apresentada na Figura 3.3, através da qual foi medida a morfologia estrutural óbvia e o tamanho das nanopartículas do óxido de prata. O instrumento amplia a molécula ou o cristal no campo de visão com um potencial máximo de até 1 nanómetro. O TEM também reproduz imagens bidimensionais com alta resolução, o que permite estudar as aplicações electrónicas, biológicas e industriais diferentes [9].

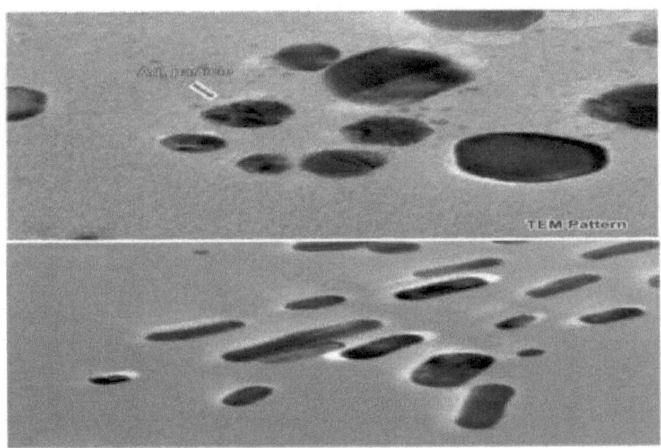

Figura 3.3: Vista da superfície TEM do nano Ag O $_2$

Na figura TEM, a imagem exagerada da nano partícula; Ag_2 O foi claramente visualizada na qual se observou o padrão de franjas bem definido. Na imagem, a partícula de Ag apresentava uma forma esférica com uma superfície rugosa. Verificou-se que a forma esférica se alterou nas partículas vizinhas. Para além disso, as partículas de prata em forma de noz foram amalgamadas de forma periódica com uma distância mínima de 100 nm. A disposição das partículas apareceu de forma bem definida e o tamanho das partículas foi calculado em 32-51 nm e o tamanho calculado das partículas foi corretamente previsto nos cálculos de XRD. O átomo de oxigénio também apareceu no campo de visão como as partículas de Ag e ambos podem ser facilmente discriminados. Na mesma figura, o nano-complexo bem combinado foi visto sob a forma de pellets e os pellets foram encontrados finamente dispostos como uma matriz. Não se observou qualquer impressão de ligação no campo de visão, uma vez que todos os átomos no sítio molecular e cristalino foram determinados como ligações covalentes coordenadas. Todas as partículas estavam associadas e alinhadas numa direção. A partir da observação acima, inferiu-se que o nano cristal $Ag_2 O$ foi bem formado e a cristalinidade foi melhorada quando comparada com a literatura. Todas as partículas estavam bem dispostas na rede direta FCC e no sítio recíproco indireto.

3.3.4. ANÁLISE DO PADRÃO SAED

A técnica SEAD é geralmente utilizada para a identificação de fases de cristais fabricados, quer a nível macro quer a nível nano, para encontrar intercrescimentos estruturais devidos à substituição intersticial e à substituição frenkel propositada e para avaliar as direcções de crescimento interplanares. É também utilizado para detetar as reflexões cinematicamente proibidas no interplano desejado para colocar átomos direcionais [10]. O padrão de pontos SAED do presente complexo nano metálico foi apresentado na Figura 3.4, na qual o padrão de rede FCC foi claramente visto.

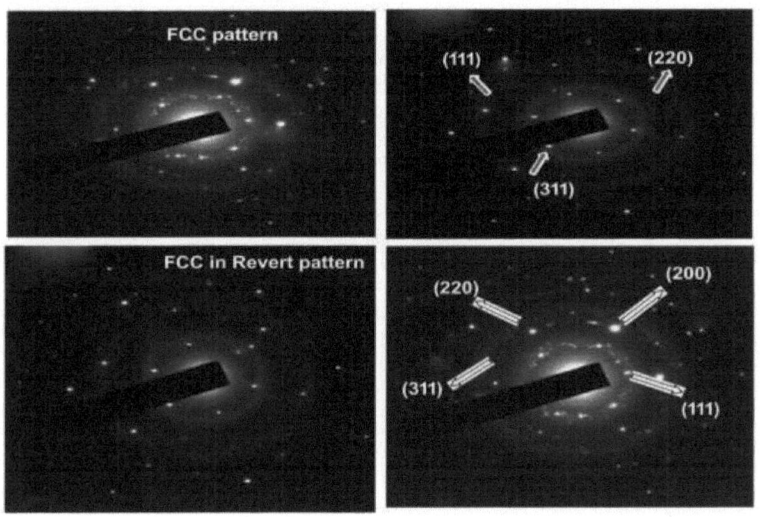

Figura 3.4: Padrão SAED de nano Ag O $_2$

O padrão seletivo associado à rede FCC foi registado e a planta SAED clara mostrou

os pontos de luz dos planos (111), (220), (200), (210) e (311). Aqui, alguns dos planos

proibidos desconhecidos também foram capturados, o que denotou o perfil recíproco da rede.

Por conseguinte, o padrão SAED invertido também é apresentado na mesma figura, em que

as reflexões ocultas dos planos relacionados; (111), (110), (010) e (020) do padrão de rede

BCC. Normalmente, o sistema recíproco não é explorado pelos planos ocultos, o que também

explica a rede normal. Mas aqui, o padrão revertido para a rede BCC também foi explorado,

tendo sido observadas reflexões múltiplas juntamente com a rede normal adoptada. Este

ponto de vista foi apoiado pela literatura [11-12] e foi confirmado que o complexo metálico;

Ag$_2$ O nano cristal pertence à rede FCC.

3.3.5. PADRÃO DE DEFLEXÃO EDAX

Normalmente, as ferramentas EDAX têm sido utilizadas para caraterizar as espécies químicas, os elementos funcionais e não funcionais nos micro e nano materiais [13]. As partes exactas da composição do complexo metálico e dos compósitos de óxido metálico. A energia associada aos elementos presentes pode ser explorada através da aplicação de excitação de raios X. Estas técnicas analíticas são normalmente utilizadas para analisar os novos materiais com diferentes combinações de ligas e a resistência do produto na indústria de materiais. Também é utilizada para a resolução de problemas e reformulação de materiais para aplicações mecânicas e químicas [14-15]. A Figura 3.5 ilustra os picos de deflexão com intensidade flutuante em relação à energia de excitação das partes da composição do presente nano material. A partir da figura, ficou claro que os picos transmitidos associados aos elementos de composição do presente caso apareceram de forma sequencial. Os elementos foram identificados de acordo com o seu peso e, neste caso, os nanoelementos Ag e O foram apresentados com uma percentagem de 63,57 e 34,34, respetivamente. O valor calculado validou o número de coordenação cristalina do nano material AgO. A figura em anexo explorou a imagem SEM refinada na qual a forma solidificada do material Ag_2 O com superfície lisa. Os picos elementares observados do material mostraram absolutamente as partes fundamentais da composição e também previram que o nano material em estudo se encontrava puro e sem contaminação. A partir desta observação, inferiu-se que o material Ag_2 O apresentava propriedades ópticas e electrónicas enriquecidas. Este ponto de vista foi validado pela literatura [16-17].

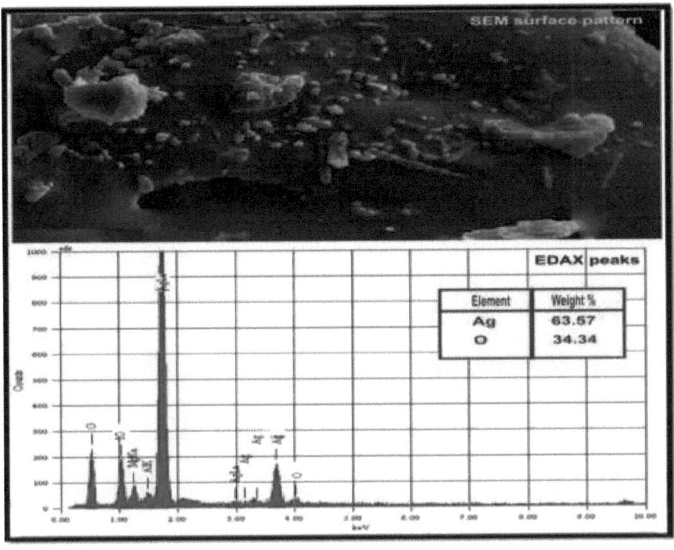

Figura 3.5: Representação EDAX da nano Ag O $_2$

3.3.6. ANÁLISE ESPECTRAL UV-VIS

Normalmente, os picos de absorção no UV-Visível são observados para estudar a resposta ótica dos nanomateriais [18]. As medições de absorção UV-Visível numa vasta gama de comprimentos de onda são normalmente utilizadas para determinar as caraterísticas de fotocatálise dos nanomateriais [19]. Os parâmetros associados ao espetro UV-Visível foram apresentados nas Figuras 3.6 e 3.7 e os parâmetros foram listados na Tabela 3.1. Aqui, os picos caraterísticos dos dados espectrais UV-Visível foram observados a três temperaturas de recozimento diferentes (100°, 200° e 300° C). O pico a 100° tem uma absorção plana que não mostra qualquer resposta ótica do material. Mas, a 200° e 300° C, os sinais foram encontrados com intensidade máxima, o que demonstrou claramente que o sinal variava entre 500-560 nm. A crista observada localizava-se exatamente na região verde, pelo que se deduziu que o carácter fotocatalítico do nano material de Ag era verde.

33

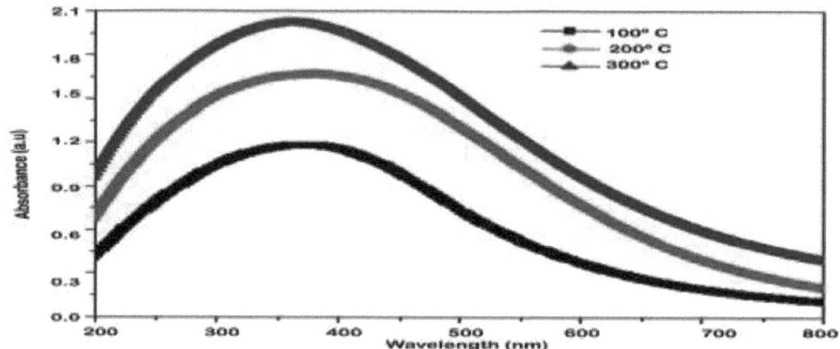

Figura 3.6: Espectro UV-Visível de nano Ag2O

A 300º C, o carácter foi invertido e o pico correspondente foi encontrado entre 400 e 500 nm, o que explica que o comprimento de onda caraterístico foi deslocado das regiões verde para violeta e azul. Concluiu-se, portanto, que a resposta ótica do material foi alterada em função das temperaturas e que o carácter opto-eletrónico do material pode ser ajustado através da aplicação de temperaturas. Assim, o presente nano material tem propriedades semicondutoras capazes de receber a luz e de a converter em energia eletrónica foto-excitada em quantidades consideráveis. Para além disso, o presente material tem também uma vasta gama de absorção do comprimento de onda visível com temperaturas funcionais.

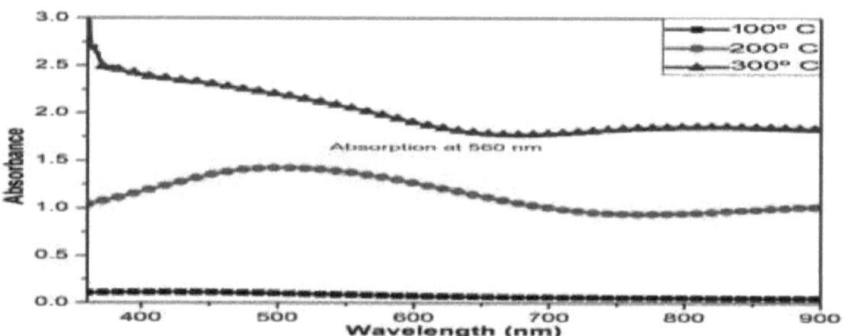

Figura 3.7: Espectros UV-Visível de nano Ag2O

A partir dos parâmetros ópticos, o coeficiente de absorção ótica foi medido e situou-se na região de 1,5 a 1,6 eV (intervalo de energia dos fotões), o que foi apoiado por trabalhos anteriores [20-21]. A partir das transições de absorção ótica direta e indireta no intervalo de banda restrito, o coeficiente de absorção ótica pode ser analisado pelas equações:

$$\alpha h\gamma = A(h\gamma - Eg)\,m \text{ para } h\gamma > Eg,$$

$$\alpha h\gamma = 0 \text{ para } h\gamma < Eg,$$

α é a magnitude da absorção, A é uma constante de banda, $h\gamma$ - a energia do fotão, Eg = intervalo de banda ótica, m = 2 é uma transição indireta permitida e m = 0,5 é uma transição direta. O intervalo de banda ótica foi previsto através do gráfico de linhas de ( ) $\alpha h\gamma^{1/2}$ em relação à energia dos fotões, tal como indicado nos espectros UV-Visível. O intervalo de banda avaliado do material Ag_2O entre 100° e 300° C foi de 1,513, 1,545 e 1,571, respetivamente. O intervalo de banda do material foi bastante aumentado com as temperaturas e o material tem um intervalo de banda ótico eficaz para gerar ação catalítica. O índice de refração observado para as temperaturas de recozimento de 100° a 300° foi de 2,274, 2,296 e 2,323 respetivamente. O índice de refração também aumentou de acordo com as temperaturas.

3.3.7. OBSERVAÇÃO DA FOTOLUMINESCÊNCIA

A análise da fotoluminescência é utilizada para caraterizar as propriedades ópticas e electrónicas de nano-semicondutores, nano-óxidos metálicos e moléculas orgânicas [22]. É também utilizada para avaliar as in-homogeneidades das ligas metálicas e examinar a taxa de concentração de impurezas na deposição de películas finas com diferentes nano-óxidos metálicos. O comprimento de onda de fotoabsorção não depende do tamanho das nanopartículas, ao passo que a intensidade da PL é inversamente proporcional ao tamanho das partículas. A absorção PL devida à excitação eletrónica é sempre

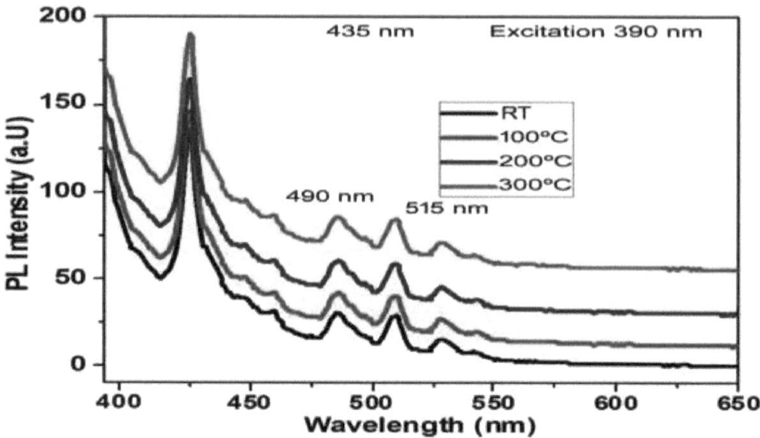

Figura 3.8: Espectros PL de nano Ag O $_2$

observada muito acima do nível de Fermi. Neste caso, os espectros de PL foram registados e apresentados na Figura 3.8. Os espectros de PL para este caso foram registados com diferentes temperaturas de recozimento no comprimento de onda de excitação inicial de 380 nm, em que os sinais com diferentes intensidades foram observados em diferentes comprimentos de onda. As bandas de emissão observadas foram localizadas a 435, 490 e 515 nm, respetivamente. Entre as bandas observadas, a banda a 435 nm foi reconhecida com a intensidade máxima, que se verificou ser próxima do comprimento de onda violeta. Além disso, a fixação das outras bandas foi atribuída a comprimentos de onda azuis e verdes azulados, respetivamente. A partir desta observação, inferiu-se que as caraterísticas ópticas do presente material nano Ag_2O pertencem à região do visível e, em particular, a banda de emissão varia entre a região violeta e azul. Este facto foi puramente atribuído à existência de vacâncias de O, o que está de acordo com os trabalhos anteriores [23-24].

A partir dos espectros de PL, o índice de refração (n) do nano material foi determinado utilizando a seguinte relação [18]:

$$R = \frac{(n-1)^2 + K^2}{(n+1)^2 + K^2}$$

Onde R é o valor de reflectância das películas finas de Ag O $_2$

Coeficiente de extinção K = $\dfrac{\alpha\lambda}{4\pi}$

Aqui, n e K são o índice de refração e o coeficiente de extinção, respetivamente. A Figura 3.9 mostra a dependência do comprimento de onda do índice de refração do nano material Ag_2O, que foi calculado a pressão de oxigénio constante. A partir da figura, verifica-se que os valores do índice de refração diminuem com o aumento do comprimento de onda para todos os materiais. Além disso, os índices de refração observados variaram entre 2,2 e 2,3 com a temperatura de recozimento.

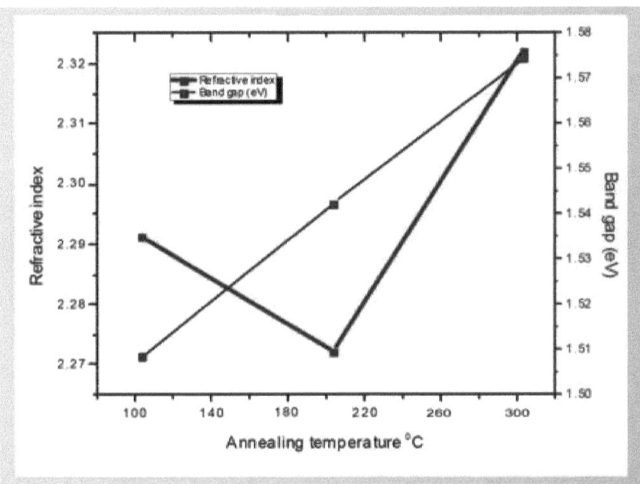

Figura 3.9: dependência do comprimento de onda do índice de refração do Ag2O

3.3.8. ANÁLISE VIBRACIONAL

A atividade das partes composicionais do material, quer seja a nível macro ou nano, pode ser diretamente avaliada utilizando o padrão espetral FT-IR e FT-Raman. Normalmente, as disposições da base atómica estão associadas à estrutura cristalina, que é montada como uma matriz em diferentes planos. Cada plano tem uma ligação separada de átomos que reflectem a radiação que incide sobre ele. Os planos diretos e interplanos activos do cristal são normalmente identificados a partir dos picos de difração a partir dos quais se reconhece a estrutura da rede do cristal. Para além disso, utilizando o padrão vibracional dos espectros IR e Raman, as ligações activas em diferentes planos podem ser identificadas e reconhecidas e, por conseguinte, os planos activos para um determinado tipo de estrutura.

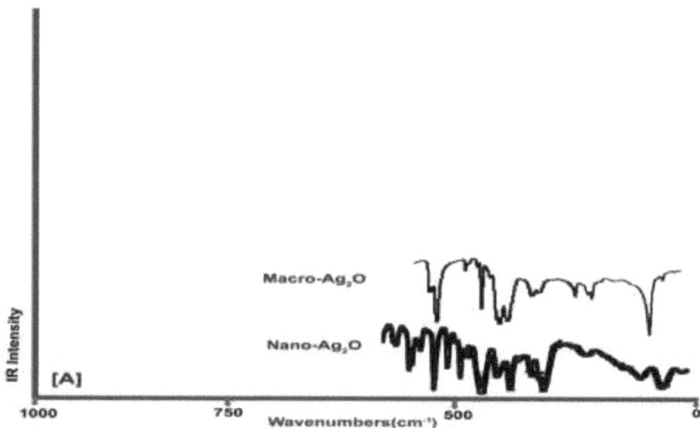

Figura 3.10: Espectros FT-IR de nano Ag O ₂

Neste caso, foram registados os padrões espectrais FT-IR e FT-Raman e as atribuições associadas às partes da composição podem fornecer informações sobre as ligações vibracionalmente activas e, por conseguinte, podem ser identificados os planos activos relacionados. Neste caso, tanto os espectros a nível macro como nano do material Ag_2O foram apresentados nas Tabelas 3.2 e 3.3, respetivamente, e

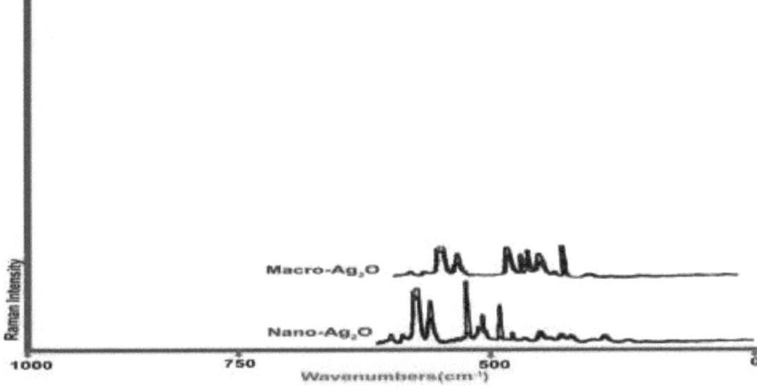

Figura 3.11: Espectros FT-Raman de nano Ag O $_2$

Os seus espectros foram apresentados nas figuras 3.10 e 3.11, respetivamente. Cada plano tem uma cadeia separada de Ag e O, que foi utilizada para atribuir a forma sequencial das regiões vibracionais. Aqui, no caso do nível macro de Ag_2O, foi observada a região de impressão digital na qual as bandas vibracionais de estiramento Ag-O e Ag-Ag foram encontradas a 710, 680, 580 e 480 cm^{-1} e 350 e 270 cm^{-1} respetivamente. De forma correspondente, as vibrações de flexão planas Ag-O e Ag-Ag foram determinadas a 180 e 160 cm^{-1} e 100 cm^{-1} , respetivamente. Os modos vibracionais de flexão Ag-O e Ag-Ag fora do plano apareceram a 150 e 120 cm^{-1} e 80 cm^{-1} , respetivamente.

Tabela 3.2: Números de onda experimentais de Ag_2 O no nível macro

S. Não.	Frequência observada (cm)$^{-1}$		Vibracional atribuições
	FT-IR	FT-Raman	
1	710s	710s	(Ag-O)υ
2	680m	680m	(Ag-O)υ
3	580m	580s	(Ag-O)υ
4	480s	480w	(Ag-O)υ
5	350m	350w	(Ag-Ag)υ
6	270m	270w	(Ag-Ag)υ
7	180m	180w	(O-Ag-O) δ

8	160w	160w	(O-Ag-O) δ
9	150w	150w	(O-Ag-O) γ
10	120w	120w	(O-Ag-O) γ
11	100w	100w	(Ag-Ag) δ
12	80w	-	(Ag-Ag) γ

vs; muito forte, s; forte, m; médio, w; fraco, vw; muito fraco. υ; alongamento, δ; flexão no plano: γ-flexão fora do plano

Tabela 3.3: Números de onda experimentais de Ag_2 O (nível nano)

S. Não.	Frequência observada (cm)$^{-1}$		Vibracional atribuições
	FT-IR	**FT-Raman**	
1	780s	710s	(Ag-O)υ
2	750s	680s	(Ag-O)υ
3	640s	640s	(Ag-O)υ
4	580m	580w	(Ag-O)υ
5	490m	490s	(Ag-Ag)υ
6	470m	470w	(Ag-Ag)υ
7	310m	-	(O-Ag-O) δ
8	220w	220m	(O-Ag-O) δ
9	190w	190w	(O-Ag-O) γ
10	180w	180w	(O-Ag-O) γ
11	160w	-	(Ag-Ag) δ
12	120w	-	(Ag-Ag) γ

No caso do nano-nível de Ag_2 O, os modos de estiramento Ag-O e Ag-Ag foram reconhecidos a 780, 750, 640 e 580 cm^{-1} e 490 e 470 cm^{-1} , respetivamente. Os modos de flexão Ag-O e Ag-Ag no plano foram observados a 310 e 220 cm^{-1} e 160 cm^{-1} , respetivamente. As bandas vibracionais de flexão Ag-O e Ag-Ag fora do plano foram observadas a 190 e 180 cm^{-1} e 120 cm^{-1} , respetivamente. Normalmente, as bandas de estiramento de Ag-O e Ag-Ag para o material Ag_2 O encontram-se na região de 520-675 cm^{-1} e 510-420 cm^{-1} [25-27], respetivamente. Mas, aqui, as bandas de ambos os casos observadas a nível nanométrico foram superiores às do nível macro e o incremento nos números de onda foi calculado em 60-100 cm^{-1} . As vibrações no plano e fora do plano foram observadas dentro da região esperada e também foram elevadas no caso do nível nano. Quando o material de nível macro é reduzido para o nível nano, a área de superfície dos átomos aumenta muito. Do mesmo modo, a constante de força entre as ligações também aumenta e, por conseguinte, as frequências vibracionais relacionadas com as ligações serão deslocadas para muito além da região esperada. Assim, todas as bandas vibracionais foram encontradas a um nível de frequência mais elevado.

Além disso, a região vibracional de certas ligações Ag-O e Ag-Ag deslocou-se para a região bem acima da região atribuída do espetro, o que mostrou a sua atividade quando comparada com ligações que estão localizadas noutros locais do cristal. De acordo com a atual estrutura cristalina do FCC, as ligações Ag-O e Ag-Ag nos planos (111), (200), (210), (220) e (311) foram determinadas como activas. Este resultado foi apoiado pelos dados observados de XRD, bem como pelos resultados das linhas de dispersão Raman.

3.4. CONCLUSÃO

O nano material Ag_2 O foi fabricado utilizando a técnica popular e, para estudar as suas caraterísticas, o material foi testado e avaliado utilizando ferramentas morfológicas, ópticas e electrónicas. A partir dos resultados obtidos, foram tiradas as seguintes conclusões;

- Os dados morfológicos do presente composto enfatizaram as redes direta e recíproca e foram FCC e BCC, respetivamente.
- As constantes de rede foram calculadas e os resultados das mesmas foram validados pelos dados experimentais.
- O efeito de superfície foi observado atentamente a partir de imagens SEM e foi validado pelos diagramas TEM.

- O impacto da PL no presente caso foi avaliado e as caraterísticas de foto-emissão foram estudadas com os dados observados. A absorção de PL localizou-se entre a região azul e a região verde do espetro visível, o que mostra a atividade ótica nessas cores.

- Os resultados recodificados no UV-Visível foram validados com os resultados teóricos e, assim, foi examinado o carácter opto-eletrónico. O padrão SAED foi observado atentamente e os resultados foram discutidos em profundidade, tendo sido previsto o padrão fundamental da rede cristalina.

- A análise vibracional foi realizada e a atividade das partes composicionais foi avaliada nos planos associativos FCC. Verificou-se que todas as ligações construtivas estavam activas e participavam nas caraterísticas do material.

- Em especial, as linhas de dispersão Raman apareceram na região do visível, o que demonstra o carácter extraordinário do material, através do qual se pode obter uma ação laser eficaz.

O material foi preparado com uma qualidade alargada e verificou-se que era puro com grau espetroscópico. Todas as caraterísticas esperadas foram estudadas e interpretadas com resultados optimizados.

CAPÍTULO IV

NANO AG$_2$ O FILMES FINOS; FABRICO, CARACTERIZAÇÃO E INTERPRETAÇÃO FOTO-VOLTAICA UTILIZANDO FERRAMENTAS ESPECTROSCÓPICAS

4.1. ÂMBITO DO ESTUDO

Durante as duas últimas décadas, foram realizados vários trabalhos de investigação sobre a preparação de dispositivos foto-voltaicos e o estudo da sua eficiência para satisfazer as necessidades da indústria eletrónica. O processo de foto-reação é muito eficiente e pode ser ajustado a nanomateriais e, em particular, a investigação sobre nano-óxido metálico; o óxido de prata tem uma concentração imensa. Ao analisar a literatura, verificou-se que a investigação relativa à aplicação foto-voltaica de nano materiais Ag$_2$ O não foi realizada e também não foi encontrado nenhum trabalho para estudar as propriedades opto-electrónicas e biológicas. Neste trabalho, o nano material de Óxido de Prata (Ag$_2$ O) foi fabricado e recozido a 100°, 200° e 300° C. A película fina foi preparada utilizando a técnica de evaporação por feixe de electrões, amiga do ambiente, sob atmosfera de Oxigénio (1.0×10^{-2} Pa). Foi caracterizada morfologicamente por ferramentas convencionais; XRD, SEM, AFM, UV-visível, PL e medidas fotoacústicas. O teste de condutividade eléctrica foi efectuado a uma das temperaturas.

4.2. PORMENORES EXPERIMENTAIS

O princípio eletrónico adotado na técnica de evaporação por feixe de electrões é geralmente baseado em técnicas de vácuo que são popularmente utilizadas para fabricar películas finas [1]. O material nano Ag$_2$ O foi preparado e revestido sob a forma de películas finas pelo método EBE adotado com a unidade de vácuo HINDHI-VAC ligada a uma fonte de alimentação de feixe de electrões. A placa de vidro opticamente plana e bem

43

desengordurada foi utilizada como substrato. Os 500 mg de Ag_2O puro de grau espetroscópico foram bem misturados num pilão e num almofariz. A mistura foi preparada sob a forma de pellets por um sistema mecânico hidráulico, que foi utilizado como material de base para a evaporação. As pastilhas foram recolhidas num cadinho de grafite e colocadas na lareira de cobre arrefecida a água da instalação do canhão de electrões. O alvo de Ag_2O peletizado foi aquecido por um feixe colimado de electrões alimentado por um filamento de tungsténio aquecido por corrente contínua. A pelota de Ag_2O foi atacada por um feixe de electrões deflectido a 180º. As espécies químicas evaporadas na pastilha de Ag_2O foram colocadas como películas finas nos substratos sob uma pressão de cerca de $1x\ 10^{-5}$ mbar. Todos os substratos foram colocados em posição normal em relação à fonte de evaporação para obter uma deposição consistente. Os parâmetros físicos; distância entre a fonte e o substrato de 12 cm e pressão parcial de 10^{-5} mbar foram variados e optimizados para depositar películas estáticas, bem fanáticas e translúcidas. Os filmes de Ag_2O foram recozidos a 100º, 200º e 300º C para estudar o efeito da temperatura nas propriedades morfológicas e electro-ópticas.

Os métodos convencionais foram utilizados para efetuar a caraterização estrutural dos filmes de Ag_2O. Os padrões de XRD foram traçados em intervalos de 2θ de 10º a 80º no movimento da ponta de 0,04º. As espessuras dos filmes preparados foram determinadas por Stylus profiler Mitutoyo SJ-301. A vista morfológica e topológica foi mapeada por JEOL JES-1600 SEM equipado com EDX e NANONICS MV-1000 AFM. O padrão espetral de absorção ótica foi registado na região 100-1200 nm pelo dispositivo espetral JASCO V-670. Os sinais PL foram registados na amostra a 300ºC por 3-HORIBA JOBIN-YVON. Os sinais espectrais FT-IR e FT-Raman foram registados na região de 50-1000 cm^{-1} por um dispositivo espetral Bruker IFS 66V equipado com um módulo FRA 106 Raman.

4.3. RESULTADOS E DISCUSSÃO

4.3.1. CARACTERIZAÇÃO ESTRUTURAL

A estrutura cristalina personalizada do material $Ag_2 O$ adoptada com a estrutura de rede FCC foi mostrada na Figura 4.1, na qual o módulo do plano 111 da FCC, juntamente com a forma recíproca BBC, pode ser claramente visualizado. O interplano de Ag contém O na diagonal e os sistemas primitivos e não primitivos também aparecem na rede cristalina. O padrão de difração do cristal do presente composto foi registado sob a pressão de oxigénio de $1,0 \times 10^{-2}$ Pa. A amostra preparada foi recozida propositadamente às temperaturas optimizadas requeridas; 100°, 150° e 200° C e as respectivas deflexões difractadas foram mostradas na Figura 4.2. Os parâmetros relacionados com o XRD foram apresentados na Tabela 1 e os sinais difractados foram observados a 26°, 39° e 51° e atribuídos aos planos cristalinos (111), (200), (220) e (311), respetivamente. Estes picos fortes observados no XRD enfatizaram que o presente óxido metálico; $Ag_2 O$ foi formulado pelo padrão de rede FCC e estas observações foram coerentes com o relatório anterior [2-3].

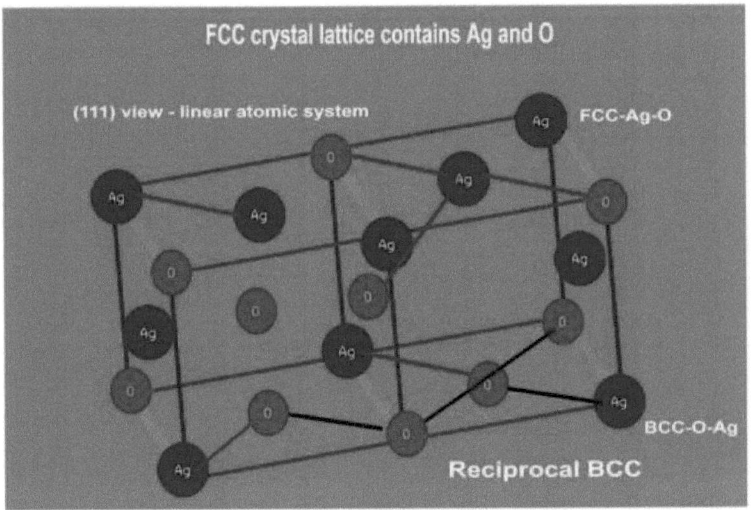

Aqui, o sinal relacionado com o plano111 foi deslocado de 26° e 27° para 28° quando as temperaturas variaram de 100°-200°300°, respetivamente. Este ponto de observação mostrou o enriquecimento da aglomeração de cristais pelas temperaturas de recozimento. Para além disso, a intensidade do pico foi também melhorada em função das temperaturas. Aqui, a experiência foi realizada sob a atmosfera de oxigénio, que foi a principal causa para melhorar a propriedade do cristal e a atmosfera de oxigénio produziu muita nuvem de electrões que satisfaz o requisito de electrões da ordem do cristal e melhorou o local molecular onde havia nuvens de electrões necessárias. A estrutura cristalina orientada explicava as posições de O nos cantos e nos locais canterizados das faces em combinações lineares. Neste caso, as ligações entre os átomos eram compostas por natureza covalente e iónica de forma periódica. Para a produção de ligações, foi utilizada uma maior quantidade de energia química endotérmica como ligação. As ligações entre os átomos eram iónicas e covalentes coordenadas com grande quantidade de energia de ligação.

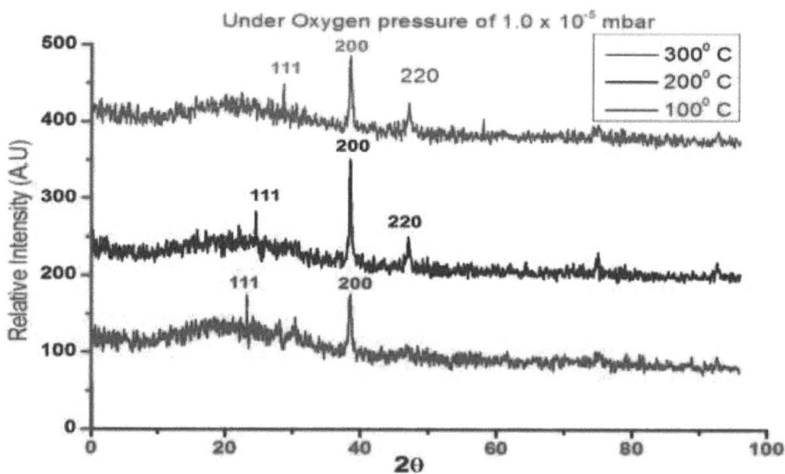

Figura 4.2: Contorno XRD do material Ag O₂

Na DRX, o pico correspondente ao plano (200) foi observado com forte intensidade em todos os filmes e os restantes picos foram observados com menor intensidade. Neste caso, o pico de deflexão difractado no plano (200) apareceu com intensidade máxima a três temperaturas, quando comparado com os outros picos observados, e também aumentou intensamente em função das temperaturas. Este facto é absolutamente provável devido à aplicação de calor. Este exame certificou que o carácter cristalino do $Ag_2 O$ é muito melhorado a 300ºC. Assim, foram atribuídos muitos sinais sem sinal que estavam diretamente relacionados com os planos ineficazes nos cristais. Se for analisado em profundidade, fornecerá informações adicionais sobre as transições de fase na formação de cristais. Estes picos foram mostrados para explicar a cristalização de fases associadas produzidas na parte inferior do material. Normalmente, como o nano material, a superfície do cristal tem mais sítios atómicos do que no interior, neste caso, a partir da intensidade da caminhada, foram encontrados vários aglomerados atómicos no cristal $Ag_2 O$ que causam caraterísticas foto-ópticas especiais e as funções do material estarão em fase multidimensional. Este resultado e observação foram apoiados pela literatura [4-5].

4.3.2. ANÁLISE GRANULOMÉTRICA

As propriedades físicas e químicas das nanopartículas dependem geralmente do tamanho das partículas e, normalmente, as propriedades são melhoradas sempre que o tamanho é muito reduzido [6]. O tamanho das partículas pode ser reduzido tanto quanto possível através da aplicação de temperaturas de recozimento. Da mesma forma, neste caso, a amostra preparada foi recozida como habitualmente e observou-se o processo de redução do tamanho. Os átomos de Ag foram combinados com os átomos de oxigénio para estruturar o nano material de ligação heteronuclear $Ag_2 O$ e, neste caso, esse material foi fabricado na proporção de 2:1 de Ag e O.

Tal como na Tabela 4.1, para a determinação do tamanho, o pico a 200 foi selecionado e as posições foram anotadas como 39,21°, 39,28° e 39,35° respetivamente para as temperaturas de 100°, 200° e 300° C. O parâmetro 'a' foi observado como sendo 4,66, 4,75 e 4,78 e o tamanho da partícula foi encontrado como sendo 39,15, 36,94 e 33,05 respetivamente para o recozimento

Tabela 4.1: Parâmetros XRD (estruturais) da película fina de Ag₂ O depositada em atmosfera de oxigénio

Temperatura de recozimento	Posição (2θ)	(hkl)	a (Å)	Estirpe ($\beta\cos\theta/4$)	Tamanho das partículas (nm)	Espessura (μm)
100°C	39.21	200	4.668	0.0018	39.15	0.78
200°C	39.28	200	4.755	0.0031	36.94	0.76
300°C	39.35	200	4.783	0.0046	33.05	0.74

temperaturas. A espessura da película associada foi determinada como sendo de 0,78, 0,76 e 0,74 μm, respetivamente. Aqui, o tamanho das partículas, bem como a espessura da película, variaram com a ajuda das temperaturas de recozimento, o que foi mostrado na Figura 4.3. A essas temperaturas, o

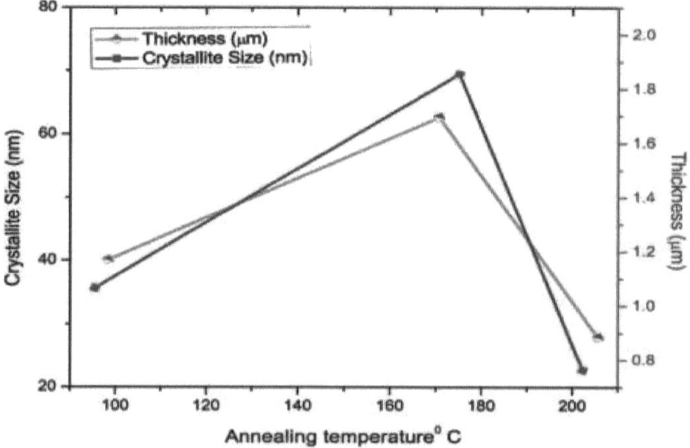

Figura 4.3: Tamanho das partículas e espessura da película do material Ag O_2

A tensão atómica (0,0018, 0,0031 e 0,0046) também foi produzida em relação ao efeito de recozimento que foi sustentado no trabalho anterior [7]. O processo de recozimento e o fornecimento de calor são factores muito importantes, uma vez que aumentam as propriedades físicas e a qualidade ótica da película fina [8-9]. Além disso, o tamanho do cristal foi reduzido passo a passo sob a atmosfera de oxigénio e a espessura também diminuiu simultaneamente. Neste caso, a aplicação do oxigénio com uma pressão considerável faz com que a pressão se deva à inserção de nuvens de electrões que geram o stress químico entre os sítios moleculares. Esta condição na rede cristalina personalizou a tensão não primitiva de segunda ordem no interior da estrutura que induziu os vazios electro-ópticos no material. Esta foi a principal causa da utilização do material para o fabrico de dispositivos opto-electrónicos.

4.3.3. ANÁLISE SEMÂNTICA

O efeito de superfície no material preparado; $Ag_2 O$ devido ao efeito do ambiente de oxigénio foi apresentado na Figura 4.4. Normalmente, o efeito de superfície devido à pressão dos gases nos materiais pode ser claramente visualizado pelo mapa SEM. Neste caso, o gás oxigénio penetrou no interior do material nano-composto $Ag_2 O$ quando foi injetado.

Figura 4.4: Superfície SEM do material Ag O$_2$

De acordo com a figura SEM, a superfície do nanocompósito parecia ser uma superfície metálica formada por óxido, na qual a impressão de humidade do gás parecia estar presente. Este estado da superfície descreve a precipitação de vapor de oxigénio, o que ajuda a tornar a superfície menos reflectora. Verificou-se que este tipo de arranjo da superfície era capaz de receber luz de forma eficaz. A figura SEM na condição O mostrava a estrutura de grão bem definida através da qual o material era capaz de ter aplicações biológicas mais eficazes. A partir da figura, ficou claro que as imagens SEM demonstraram uma harmonização bem disseminada e homogeneamente dispersa do nano compósito de óxido de prata sobre o plano do cristal, o que representa a estabilização do sistema FCC. A imagem SEM também mostrou nano conchas e sítios de óxido de prata de forma esférica. No caso de temperaturas de recozimento, pode ser visto que, a aglomeração cristalina das partículas Ag$_2$ O na superfície do filme fino com compacidade extremamente elevada. Esta aglomeração foi meramente devido ao sistema cúbico bem definido do óxido de prata. Tal aglomeração de FCC e seus sistemas recíprocos BCC foram acreditados pelo ponto de fusão mais baixo de Ag$_2$ O.

4.3.4. ANÁLISE DO TEMP

A morfologia estrutural alargada e o tamanho exato das partículas em diferentes áreas da superfície das nanopartículas de óxido de prata são geralmente determinados por imagens digitalizadas TEM e SAED. Ao mostrar a disposição da composição, o tamanho e a forma das nanopartículas podem ser representados com exatidão. A imagem ampliada do TEM fornece normalmente a visão cristalográfica a partir da qual os detalhes de construção da disposição simétrica do conjunto atómico. Neste caso, a imagem digitalizada captada por TEM foi apresentada na Figura 4.5. As figuras foram captadas em várias escalas nanométricas. A partir da figura, deduziu-se que as nanopartículas de prata tinham uma forma esférica com tamanho confinado e limites de grão. As partículas estavam dispostas de forma regular e o conjunto de partículas estava sequenciado de forma periódica. O bordo exterior do grão das partículas de Ag foi claramente visível à escala de 50 nm, enquanto a forma completa pode ser vista no diagrama à escala de 30 nm.

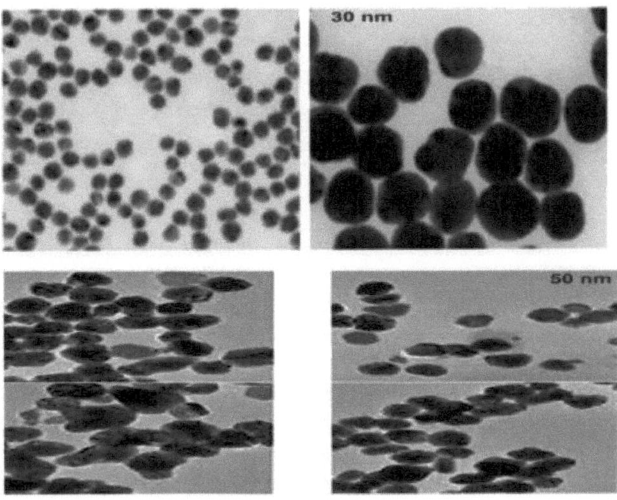

Figura 4.5: Superfície TEM do material Ag O_2

Todas as imagens TEM foram registadas apenas à temperatura de recozimento de 300° C, na qual todas as partículas podem ser vistas claramente. A 100° e 200°C foram captadas imagens, mas não foram visualizadas porque apareceram com imagens patéticas. De acordo com a figura, as partículas distribuíram-se uniformemente e a distância internuclear manteve-se em alguns locais, mas não foi respeitada em vários locais atómicos. Esta dispersão não homogénea da configuração nano atómica confere uma nova propriedade química sensível ao presente compósito. O padrão SAED analítico dos nanocristais de Ag_2 O foi apresentado na Figura 4.6. A figura mostra a aglomeração das partículas e o padrão SAED a 200° e 300° C, respetivamente. A partir da figura, pode ver-se claramente que a

51

imagem SAED foi visualizada a duas temperaturas em que o padrão a 200°C enfatizou a dispersão elástica distribuída da exibição coerente de electrões do óxido de prata.

A imagem embelezada do nano-cristal estruturado Ag_2O ligado quimicamente, no qual a imagem de campo deflectido de intensidade seleciona o modelo de difração de área e a franja de rede

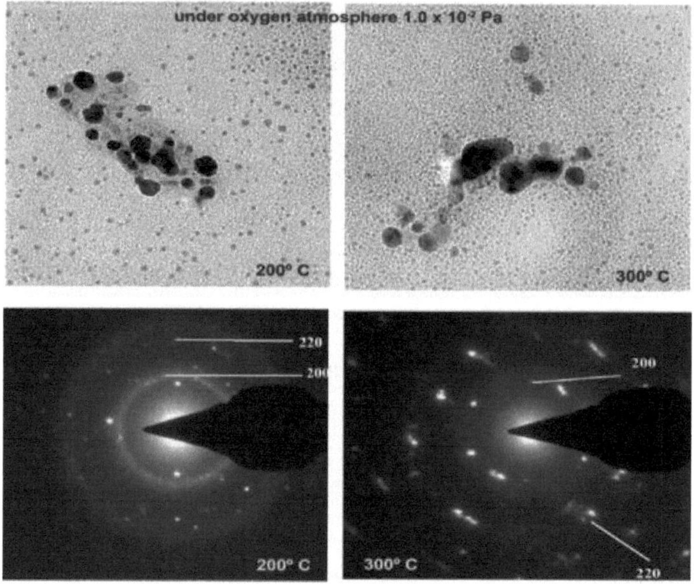

Figura 4.6: Diagrama SAED do material Ag O$_2$

foram reconhecidas no diagrama 4.6. A partir da figura, observou-se que a aglomeração de partículas foi claramente visualizada e o tamanho das partículas foi calculado em 42-51 nm, o que foi fiável com os graus XRD. Na vista SAED padronizada, havia picos principais associados às películas finas de Ag_2 O que expunham claramente os sinais em (200), (211) e (220). O ponto branco difractado indicava a formação sequencial da rede FCC no nanocristal e os pontos diagonais do ponto branco indicavam o sistema recíproco BCC do nanocristal.

Além disso, a figura da amostra preparada de Ag$_2$O ilustrou a intensidade da atmosfera de oxigénio sob a forma de pontos mais fracos e anéis difractados concêntricos difusos. O padrão de SAED a 300° foi encontrado para ser alargado com respeito ao ponto difractado quando comparado com 200°C. Neste caso, a interrupção do oxigénio não foi muito pronunciada no padrão SAED.

4.3.5. PERFIL EDAX

Normalmente, os picos de deflexão-modulação do EDAX são utilizados para determinar as composições elementares no nanocompósito fabricado por qualquer óxido metálico. Os picos referenciados no protótipo EDAX são utilizados de forma importante para determinar se a amostra é composta por combinações de óxidos metálicos ou combinações de ligas. O padrão de análise EDAX do nano compósito Ag$_2$O recozido a 300° C foi apresentado na Figura 4.7. O gráfico foi traçado entre as contagens de sinais e a energia de ligação do metal e dos iões em eV.

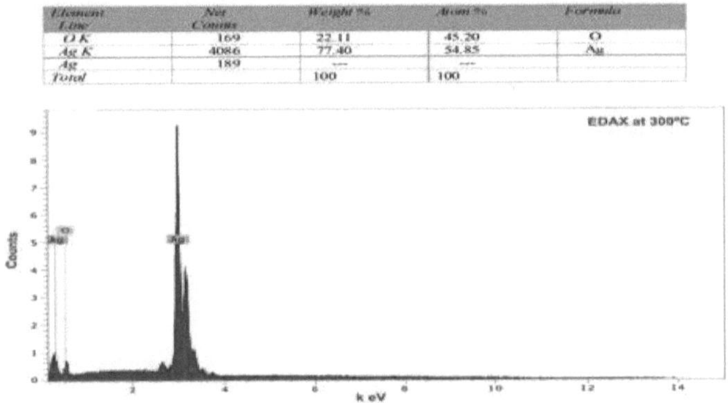

Element Line	Net Counts	Weight %	Atom %	Formula
O K	169	22.11	45.20	O
Ag K	4086	77.40	54.85	Ag
Ag	189	---	---	
Total		100	100	

Figura 4.7: Diagrama EDAX do material Ag O$_2$

Aqui, para além do pico de referência, o pico deflectido com intensidade máxima mostrou a presença de Ag. Neste caso, verificou-se que a Ag estava duplamente degenerada no que respeita à dispersão de energia e estes sinais foram separados em função dos seus pontos agudos. A contagem líquida de 169, o O estava presente com a percentagem atómica de 45,20 com o peso de 22,11. O primeiro sinal de Ag foi identificado com 4086 contagens líquidas, com pesos atómicos e moleculares de 54,85 e 77,40, respetivamente. Um outro pico foi reconhecido por contagens de 189, com menor intensidade e peso atómico e molecular nulos. A partir desta observação, é óbvio que a composição elementar do Ag2O foi determinada com exatidão e os elementos compostos estavam presentes sem contaminações.

4.3.6. ESTUDOS OPTO-ELECTRÓNICOS

4.3.6.1. PERFIL DE ABSORÇÃO NO UV-VISÍVEL

As propriedades opto-electrónicas dos materiais de óxido metálico nano têm sido amplamente investigadas para encontrar a atividade ótica para induzir a energia eléctrica e o processo catalítico eletrónico. Devido às caraterísticas físicas do óxido metálico em tamanho nano, os níveis de energia eletrónica associados são excitados e a energia ótica ligada a esses níveis de energia entra em domínios de energia eletrónica extraordinários. Estes domínios dispostos no sítio molecular são capazes de alterar a energia ótica em potencial químico-elétrico, o que provoca as caraterísticas foto-voltaicas e foto-condutoras [10-12]. A fim de estudar as caraterísticas electro-ópticas, o padrão espetral UV-Visível foi registado para o nano-compósito na região de 10-1000 nm, o que foi mostrado na Figura 4.8.

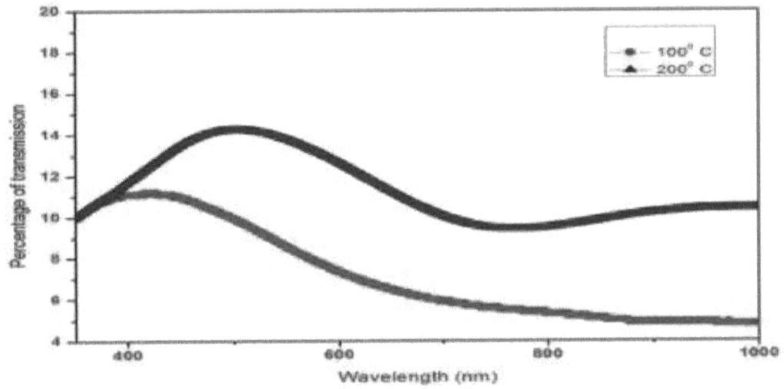

Figura 4.8: Padrão espetral UV-Visível do material Ag O$_2$

O pico de absorção UV-Visível foi observado a 480 nm e alargou-se até 546 nm.

Estes picos representaram as combinações Ag-O de nanocristais e também a resposta ótica

do material Ag$_2$ O. Também pode ser ilustrado que, na gama de atividade ótica do material

e nesta região, o nano material participou ativamente na absorção do sinal luminoso e

transudou para o sinal elétrico. Assim, a atividade foto-voltaica foi produzida para gerar

condutividade eletrónica.

O intervalo de banda ótica foi avaliado e estudado através da extrapolação das curvas

parabólicas de ( )$\alpha h \gamma^{1/2}$ versus a curva de energia do foto-eletrão. Os parâmetros opto-

electrónicos do material nano óxido de prata foram apresentados na Tabela 4.3 e o gráfico

ótico da curva de resposta energética foi representado na Figura 4.9.

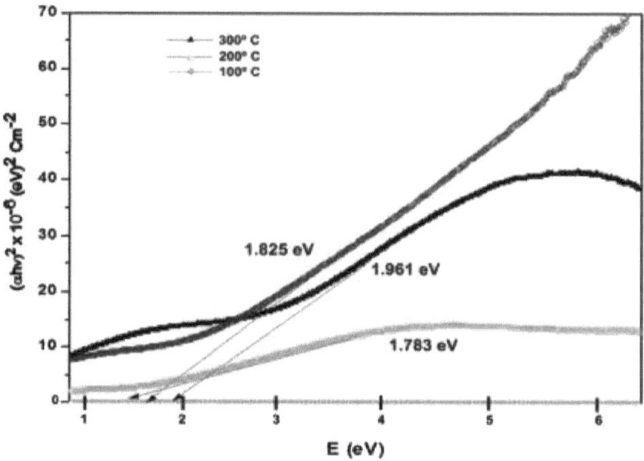

Figura 4.9: O gráfico ótico da curva de resposta energética do nano Ag O$_2$

Na figura, pode ver-se que a resposta ótica foi estudada a três temperaturas de recozimento, em que três curvas se revelaram activas e mostraram a retorta electro-ótica. A partir destas curvas, o gap de energia do nano material Ag$_2$ O foi encontrado a 1,78, 1,82 e 1,96 eV a 100°, 200° e 300° C, respetivamente. Aqui, observou-se a elevação do intervalo de banda, o que se deveu principalmente à melhoria da qualidade do cristal e à produção de níveis de energia de Fermi. Esta formação de domínios de níveis de energia de Fermi aumentou o intervalo de banda e melhorou a propriedade opto-eletrónica que já existia no material. De acordo com a literatura [13-14], o intervalo de energia foi restringido na região de 1,70 -1,83 eV, ao passo que, neste caso, o intervalo de banda observado no material foi ligeiramente alargado na região visível do espetro e atravessou a gama de alta frequência do espetro ótico, o que mostrou o enriquecimento da propriedade optoelectrónica.

No caso das temperaturas de recozimento, foi determinado que o intervalo de banda do nano material Ag$_2$ O aumentou de forma constante de 1,78 e 1,96 eV devido ao aumento da temperatura de recozimento. O efeito da atmosfera de oxigénio também influenciou o intervalo de banda e verificou-se que este variava num ambiente de oxigénio de 1,0X10^{-2} Pa.

Assim, o índice de refração do material parece ter aumentado muito com as temperaturas de recozimento, sendo de 2,03, 2,65 e 2,71, respetivamente. Uma vez que o índice ref. O índice de refração observado encontrava-se na gama intermédia para o presente caso, comportando-se como óxido metálico de alto índice de refração, o que enfatizou que o compósito Ag_2O nano é um material importante para a ótica de infravermelhos. O coeficiente de extinção calculado aumentou com as temperaturas (4,72-5,99), o que demonstrou o carácter ótico não linear do material.

4.3.6.2. ANÁLISE TOPOGRÁFICA

A vista da superfície AFM da película fina de Ag_2O nano compósito à pressão de oxigénio de 1 x 10^{-2} Pa foi mostrada na Figura 4.10. As micrografias homogéneas registadas a 100º, 200º e 300º C mostraram uma morfologia diferente do grânulo orientado para a superfície, em que as nanopartículas foram vistas de forma ténue a 100º C, enquanto a 200ºC as partículas apareceram com melhor resolução. Mas a 300ºC, as partículas apresentavam-se bem claras e bem definidas. A rugosidade total da superfície do material foi calculada em 4,92 nm, o que foi o melhor resultado observado e esta foi a temperatura óptima do efeito de recozimento. Por conseguinte, a influência do oxigénio foi abruptamente consciente, o que desenvolveu a suavidade da superfície, causando uma resposta ótica muito boa em todos os comprimentos de onda [15]. Normalmente, a experiência da atmosfera de oxigénio melhora as caraterísticas isolantes no estado macro do material, enquanto que no estado nano, a manipulação do oxigénio no material nano altera a morfologia da superfície, na qual o potencial químico mais viável para receber a luz. Assim, neste caso, o aumento da velatura da superfície é desenvolvido pela aplicação de domínios receptores ópticos de oxigénio que podem suportar a atividade eléctrica do material.

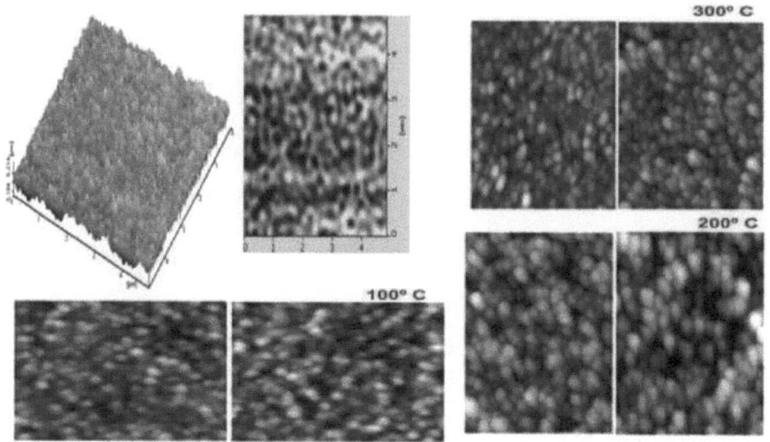

Figura 4.10: Vista AFM da superfície de nano Ag O_2

4.3.7. ANÁLISE DE DADOS XPS

Os espectros de dispersão de energia XPS para Ag em $3d_{3/2}$ e $3d_{5/2}$ e O 1^S foram apresentados na Figura 4.11, onde as curvas de energia foram traçadas e a energia de ligação relacionada a 3wt.% foi encontrada. O padrão espetral mostrou as posições de pico na energia de ligação de 367,0 e 375,0 eV para Ag nos níveis $3d_{3/2}$ e $3d_{5/2}$ que correspondem à composição Ag2O pura e este resultado foi apoiado pelo trabalho anterior [16-17]. A intensidade foi máxima no nível 3/2 quando comparada com o nível 5/2, o que se deveu principalmente à influência da interação metal-metal-óxido. A capacidade dispersiva de dividir os níveis de energia em relação ao mecanismo de energia de ligação foi induzida pela atmosfera de oxigénio. O pico associado ao local da energia de ligação de 528 e 532 eV para o primeiro e segundo níveis de energia degenerados. Os espectros mostraram dois picos desconvoluídos que normalmente representam as caraterísticas de deteção do nano material. Por conseguinte, o presente nanomaterial foi capaz de possuir um mecanismo de deteção para atuar como sensor.

4.3.8. MEDIÇÕES ELÉCTRICAS

58

As curvas caraterísticas de corrente e tensão foram desenhadas para o presente nano material; Ag_2O que foi apresentado na Figura 4.12. O Ag_2O a nível nano é um semicondutor e as suas caraterísticas de resistência desempenham um papel vital na atividade eletrónica do material. Há muito tempo que se sabe que a influência do gás oxigénio no nano material resulta numa diminuição da resistência eléctrica do material metal-óxido [18]. Neste caso, a condutividade eléctrica foi testada e a variação da condutividade eléctrica em relação ao potencial foi avaliada. Verificou-se que a condução de corrente no material Ag_2O é controlada pelo potencial aplicado ao material. Normalmente, o semicondutor tem a capacidade de ter um coeficiente de temperatura negativo, enquanto que aqui se observou a mesma tendência durante o ensaio.   A aplicação de gás oxigénio também aumentou a condutividade eléctrica, como esperado.

4.3.9. PERFIL VIBRACIONAL

O padrão de frequência calculado pelo software computacional foi tabulado na Tabela 4.3. O padrão vibracional do nanomaterial estabeleceu a presença de partes da composição, bem como o envolvimento das propriedades físicas. Aqui, os valores de IR e Raman para o estiramento Ag-O nos modos de flexão no plano e fora do plano foram observados na gama de 988-741 cm^{-1} , 342-210 cm^{-1} e 170-120 cm^{-1} respetivamente. Normalmente, em nano materiais; Ag_2O, as bandas para vibrações de estiramento Ag-O foram encontradas na região 500-600 cm^{-1} [19-21]. De acordo com a literatura, todas as ligações químicas como Ag-O, O-Ag-O e Ag-Ag foram observadas como estando presentes no nano material. A energia de ligação de Ag-O foi calculada como sendo $373-3d_{3/2}$ e $366-3d_{5/2}$ para dois estados degenerados. Pelo cálculo, a constante de força do Ag-O foi de 7,82 e 7,61 mDyne/A para os níveis 3/2 e 5/2, respetivamente. A constante de força de O-Ag-O foi determinada como sendo

3,15 e 3,08 mDyne/A para dois níveis, respetivamente. Esta observação foi enfatizada pelo facto de o resultado das vibrações ter confirmado a presença de ligações Ag-O e Ag-Ag no nanocristal e o forte acoplamento entre Ag-O e Ag-Ag formulou a estrutura FCC.

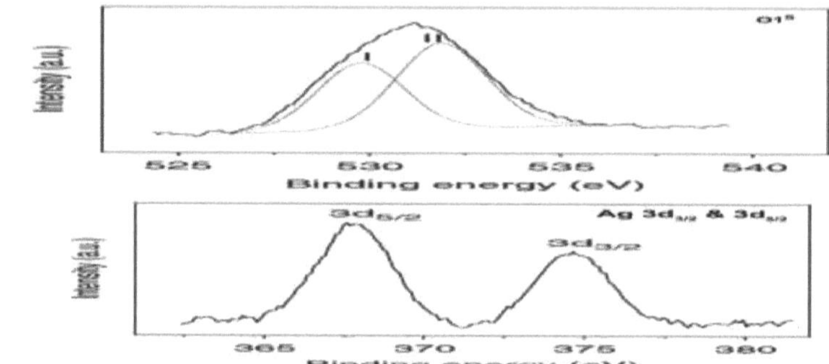

Figura 4.11: Espectros de dispersão de energia XPS de nano Ag O_2

4.4. CONCLUSÃO

A nanoespécie Ag2O foi preparada com a influência da atmosfera de oxigénio e o impacto nas propriedades físicas e topológicas, ópticas e opto-electrónicas foi estudado em pormenor. As observações foram efectuadas em todas as análises e foram tiradas as conclusões adequadas;

- As medições de XRD validaram a formação da rede 3D FCC no cristal através da obtenção de sinais fortes nas posições apropriadas dos interplanos.

- A melhoria da suavidade da superfície foi avaliada através da captura das figuras SEM.

- O tamanho da partícula foi determinado pelos cálculos baseados nos valores espectrais extraídos e foi autenticado pela análise TEM, pela qual se confirmou que o presente trabalho de preparação do nano-compósito era um método eficiente e o material preparado tinha melhores caraterísticas.

- O rácio das composições foi encontrado e a partir do qual se determinou que as amostras preparadas estavam isentas de contaminação.

- A resposta ótica do presente composto foi estudada com diferentes comprimentos de onda de absorção, o que garantiu que o nano-composto em estudo é capaz de absorver a energia luminosa e de transduzir os sinais eléctricos.

- Devido às caraterísticas de hiperatividade ótica do material preparado, os sinais de transdução podem ser modulados e gerar ondas de segundo harmónico. A aglomeração de partículas foi testada utilizando imagens AFM em diferentes sequências e foi observada a formação clara de nanopartículas de Ag. O gráfico de dispersão de energia foi desenhado a partir do qual as partes de composição de energia calculadas correspondentes a Ag e O foram confirmadas, a condutividade eléctrica e a resistividade eléctrica foram examinadas.

O objetivo e os objectivos foram cumpridos através da realização de diferentes análises no complexo de nanomateriais e as caraterísticas mostraram os resultados esperados. O mecanismo foto-voltaico foi estudado e estimado a partir do teste de condutividade. O processo fotolítico no material também induziu uma ação fotocatalítica e tal que o presente material tem propriedades biológicas negativas.

REFERÊNCIAS

[1]   K.S. Lee, M.A. El-Sayed, J. Phys. Chem. B 110 (2006) 1922019225.

[2]   C. Dipankar, S. Murugan, Colloid Surf. B 98 (2012) 112119.

[3]   P.K. Jain, X. Huang, I.H. El-Sayed, M.A. El-Sayed, Acc. Chem. Res. 41 (2008) 15781586.

[4]   Willems, van den Wildenberg, Roadmap Report on Nanoparticles. W&W Espana s.l., Barcelona, Espanha (2005) 157.

[5]   O. Choi, K.K. Deng, N.J. Kim, L. Ross Jr., R.Y. Surampalli, Z. Hu, Water Res. 42 (2008) 30663074.

[6]   M.I. Sriram, S.B. ManiKanth, K. Kalishwaralal, S. Gurunathan, Int. J. Nanomed. 266 (2010) 753762.

[7]   M.G. Moghaddam, R.H. Dabanlou, M. Khajeh, M. Rakhshanipour, K. Shameli, Korean J. Chem. Eng. 31 (2014) 548557.

[8]   S.S. Khan, P. Srivatsan, N. Vaishnavi, A. Mukherjee, N. Chandrasekaran, J. Hazard. Mater. 192 (2011) 299306.

[9]   S. Ashokkumar, S. Ravi, S. Velmurugan, Spectrochimica Ata Part A: Molecular and Biomolecular Spectroscopy 115 (2013) 388392.

[10]   Shivanand G. Sonkamblea e Anil B. Gambhire, Avanços na Pesquisa em Ciências Aplicadas, (2014), 5(5):12-18.

[11]   Prashant Singha,b, Kamlesh Kumaric, Anju Katyal b, Rashmi Kalrad, Ramesh Chandra, Spectrochimica Ata Part A 73 (2009) 218220.

[12]   H.Fuji, J.Tominaga, L. Men, T. Nakano, H. katayama, N. Atoda, J. Apll. Phys, 39 (2000) 980.

[13]   Bunshah, R. F., (ed), Deposition Technologies for Films and Coatings: Developments and Applications, Noyes Publications, Park Ridge, NJ (1982).

[14]   J. Wang, V. Sallet, F. Jomard, A.M. Rego, E. Elamurugu, R. Martins e E. Fortunato, Thin Solid Films, (2007) 515, 8785.

[15]   Junqing Pan, Yanzhi Sun, Zihao Wang, Pingyu Wan, Xiaoguang Liu e Maohong Fan, J. Mater. Chem., (2007), 17, 48204825.

[16]   T Sinha, M Ahmaruzzaman, A Bhattacharjee, Jornal de Engenharia Química Ambiental 2 (4), (2014), 2269-2279.

[17]   T Sinha, M Ahmaruzzaman, A Bhattacharjee, M Asif, VK Gupta, Journal of Molecular Liquids 201, (2015), 113-123.

[18]   A Bhattacharjee, M Ahmaruzzaman, T Sinha, Spectrochimica Ata Part A: Molecular and Biomolecular Spectroscopy 136, (2015), 751-760.

[19]   Shivanand G. Sonkamble e Anil B. Gambhire, Avanços na Pesquisa em Ciências Aplicadas, (2014), 5(5):12-18.

[20]   M. Erol, Y. Han, S.K, Stanley, C.M. Stafford, H.Du, S. Sukhishvili, J.Am.Chem,Soc.2009, 131,7480.

[21]   M. Erol, Y. Han, S.K, Stanley, C.M. Stafford, H.Du, S. Sukhishvili, J.Am.Chem,Soc.2009, 131,7480.

[22]   Lian-Mao Peng, Zhiyong Zhang e Sheng Wang, Material today, Elsevier, Vol.17 No.9, (2014).

[23]   George W. Hanson, Fundamentals of Nanoelectronics, Pearson Education ,(2008), 41, 56-68.

[24]   N. P. Gunslinger and M. S. Arnold, Carbon-based nanotechnology, MRS Bull, vol. 35, no. 4, (2010) 273276.

[25]   Liangpeng Ge, Qingtao Li, Meng Wang, Jun Ouyang, Xiaojian Li e Malcolm MQ Xing, International Journal of Nanomedicine, (2014), 9: 23992407.

[26] Chen X, Schluesener HJ. Nanosilver: um nanoproduto em aplicação médica. Toxicol Lett. (2008) 176 (1):112.
[27] G.H. Jain, L.A. Patil, M.S. Wagh et al., Sens. Actuators B 117 (2006) p.159.
[28] D. Moller, M.T. Pham e J. Huller, Sens. Actuators B 43 (1997) p.110.
[29] A. Lavacchi, B. Cortigiani, G. Rovida et al., Sens. Actuators B 71 (2000) p.123.
[30] S. R. Morrison, Sensors and Actuators, vol. 11, no. 3, (1987) 283287.
[31] M. Niederberger, M. H. Bartl, e G. D. Stucky, Journal of the American Chemical Society, vol. 124, no. 46, pp. 1364213643, 2002.
[32] J. Y. Luo, F. L. Zhao, L. Gong et al. Applied Physics Letters, vol. 91, no. 9, (2007)3.
[33] K. Nakamoto, Infrared and Raman Spectra of Inorganic and Coordination Compounds, 5th edn, Wiley, New York, 1997.

yes

I want morebooks!

Buy your books fast and straightforward online - at one of world's fastest growing online book stores! Environmentally sound due to Print-on-Demand technologies.

Buy your books online at
www.morebooks.shop

Compre os seus livros mais rápido e diretamente na internet, em uma das livrarias on-line com o maior crescimento no mundo! Produção que protege o meio ambiente através das tecnologias de impressão sob demanda.

Compre os seus livros on-line em
www.morebooks.shop